石油化工职业技能培训系列教材

油品分析工(油品销售)职业技能等级认定试题选编

中国石化销售股份有限公司　编

U0808532

中国石化出版社

内 容 提 要

《油品分析工(油品销售)职业技能等级认定试题选编》以国家和企业相关制度和标准,《油品分析工职业技能鉴定国家题库》《油品分析工》《中国石化销售企业质量管理制度》《汽柴油应用与质量管理》《汽柴油检验技术与实验室管理》为基础,紧密结合油品销售企业的实际特点,同时又考虑了新标准、新方法、新仪器的情况精编而成。本书分油品分析工初级、中级、高级、技师和高级技师技能等级。不仅包括无机化学、有机化学、分析化学、石油及油品知识、计量知识、电工基础、实验室安全等基础知识,还包括采样制样、化学分析、光谱分析、电化学分析、色谱分析、油品分析、质量管理、实验室管理、仪器管理、设备维护、事故判断与处理等相关知识。

本书可供油品销售企业组织油品分析工技能等级认定练习与培训考核使用,也可作为油品销售企业油品分析工参加技能竞赛比武的复习参考资料。

图书在版编目(CIP)数据

油品分析工(油品销售)职业技能等级认定试题选编/中国石化销售股份有限公司编.—北京:中国石化出版社,2021.6(2023.4重印)
ISBN 978-7-5114-6254-1

Ⅰ.①油… Ⅱ.①中… Ⅲ.①石油产品—分析—职业技能—鉴定—习题集 Ⅳ.①TE626-44

中国版本图书馆CIP数据核字(2021)第108463号

未经本社书面授权,本书任何部分不得被复制、抄袭,或者以任何形式或任何方式传播。版权所有,侵权必究。

中国石化出版社出版发行
地址:北京市东城区安定门外大街58号
邮编:100011 电话:(010)57512500
发行部电话:(010)57512575
http://www.sinopec-press.com
E-mail:press@sinopec.com
北京力信诚印刷有限公司印刷
全国各地新华书店经销
*
787×1092毫米16开本9.75印张243千字
2021年9月第1版 2023年4月第3次印刷
定价:38.00元

前　言

为了满足参加油品销售企业油品分析工职业技能等级认定的人员复习参考需要，经中国石油化工集团有限公司职业技能等级认定指导中心同意，中国石化销售股份有限公司组织相关人员编写了《油品分析工(销售企业)职业技能等级认定习题选编》。

本书以国家和企业相关制度和标准，《油品分析工职业技能鉴定国家题库》《油品分析工》《中国石化销售企业质量管理制度》《汽柴油应用与质量管理》《汽柴油检验技术与实验室管理》为基础，紧密结合油品销售企业的实际特点，同时又考虑了新标准、新方法、新仪器的情况精编而成。

本书分油品分析工初级、中级、高级、技师和高级技师五个等级。不仅包括无机化学、有机化学、分析化学、石油及油品知识、计量知识、电工基础、实验室安全等基础知识；还包括采样制样、化学分析、光谱分析、电化学分析、色谱分析、油品分析、质量管理、实验室管理、仪器管理、设备维护、事故判断与处理等相关知识。本书可供油品销售企业组织油品分析工职业技能等级认定练习与培训考核使用，也可作为油品销售企业油品分析工参加技能竞赛比武的复习参考资料，对实际工作有一定的指导性。

《油品分析工(销售企业)职业技能等级认定习题选编》由中国石化销售股份有限公司负责组织编写，由中国石化集团有限公司职业技能等级认定指导中心组织审定通过。参加编写人员有董芳、宋利军、詹月辰、黄志龙、李涛、杨勇、金迪芳、毛忠、王建伟、陈春会；参加审核人员有王维民、肖铁岩、王大鹏、王守城、周金广、杨敏、郑斌。编审工作得到了销售公司质量管理站、销售华北分公司、江西石油分公司、安徽石油分公司、浙江石油分公司、河南石油分公司等单位的大力支持。

由于时间紧迫，编写水平有限，不足之处在所难免，敬请谅解并提出宝贵意见。

编　者

目　录

初级工

基 础 知 识

一、判断题（正确的画√，错误的画×）

1. 食盐溶解在纯净水中，洁净透明，所以是纯净物。（ × ）

2. $AgNO_3$溶液与 KCl 溶液反应的离子方程式为：$Ag^+ + Cl^- = AgCl\downarrow$。（ √ ）

3. 浓 H_2SO_4 的密度 ρ 为 1.84g/mL，质量分数为 98%，其物质的量浓度为 36.8mol/L。（ × ）

4. 已知 c（$1/6K_2Cr_2O_7$）= 0.1200mol/L，那么该溶液对 FeO 的滴定度为 8.6mg/mL，已知 m（FeO）= 71.84。（ √ ）

5. 1∶5HCl 溶液相当于物质的量浓度 c（HCl）为 4mol/L，已知浓 HCl 的 ρ = 1.19g/mL，ω = 37%。（ × ）

6. 有机化合物按照组成元素分类，可以分成烃和烃的衍生物两大类。（ √ ）

7. 碳氢原子数满足通式 $C_nH_{(2n+2)}$ 的烃类属烯烃。（ × ）

8. 凡分子组成符合 C_nH_{2n-2}通式的有机物都属于炔烃。（ × ）

9. 化合物 $CH_3CH(CH_3)CH_2C\equiv CH$ 的名称是 4-甲基-1-戊炔。（ √ ）

10. 根据误差产生的原因及性质可分为系统误差与偶然误差两类。（ √ ）

11. 重复性是采用同一方法，在正常和正确操作情况下，由同一操作人员，在同一实验室内，使用同一仪器，并在短期内，对相同试样所做多个单次测试结果之间的差值。（ √ ）

12. 一组测量结果的重复性好，表明结果的准确性也高。（ × ）

13. 广义上的再现性是指在改变了的测量条件下，对同一被测量的测量结果之间的一致性，称为测量结果的再现性。（ √ ）

14. 计算有限个数的数据的中位数的方法是：把数据排列，如果数据的个数是偶数，则中间那个数据就是中位数；如果数据的个数是奇数，则中间 2 个数据的算术平均值就是中位数。（ × ）

15. 石油中非烃类化合物主要以含 N、S、O 的化合物以及含有这些元素的胶状和沥青质的形式存在于石油中。（ √ ）

16. 原油中的烃类主要由烷烃、环烷烃、芳香烃及烯烃组成。（ × ）

17. 在某一温度下，液体与其液面上方蒸气呈平衡状态时，该蒸气所产生的压力称为饱和蒸气压。（ √ ）

18. 轻质燃料油中含有水分，则使冰点降低，低温流动性变坏，如航空燃料在高空飞行，则产生冰堵塞输油管，使供油中断。（ × ）

19. 温度升高时所有液体油品的黏度都减小。（ √ ）

20. SI 单位包括 SI 基本单位和 SI 导出单位。（ √ ）

21. 新买的计量器具，有在有效期内的检定合格证书和产品合格证的，买来就可用。（ × ）

22. GB 13690—2009《常用危险化学品分类与标志》中规定易燃液体的闭口杯闪点低于 61℃。（ × ）

23. 能对人体呼吸器官、皮肤和黏膜等造成严重腐蚀性损伤的化学物质称为腐蚀性化学毒物。（ √ ）

24. 对中毒的人员抢救或引导撤出不考虑风向因素。（ × ）

25. 在临界温度时，气体压力低于临界压力也可液化。（ × ）

二、单项选择题

1. 原子是（ D ）。

A. 保持物质化学性质的最小微粒

B. 物理变化中的最小微粒

C. 不能再分的最小微粒

D. 化学变化中的最小微粒

2. 下列物质中，属于化合物的是（ C ）。

A. 空气

B. 液态氧

C. 氢氧化钾

D. 矿泉水

3. 元素的性质随着原子序数的递增呈现周期性变化的原因是（ A ）。

A. 元素原子的核外电子排布呈周期性变化

B. 元素原子的电子层数呈现周期性变化

C. 元素化合价呈周期性变化

D. 元素原子半径呈周期性变化

4. 下列叙述中，属于物理变化的是(B)。

A. 汽油燃烧

B. 汽油挥发

C. 澄清的石灰水变浑浊

D. 铁生锈

5. 下列选项中，属于化学变化的是(C)。

A. 碘的晶体经加热直接变成紫色的碘蒸气

B. 铁在 1535℃时变成铁水

C. 焦炭跟氧化铁混合经高温加热最后有铁水生成

D. 蒸气锅炉爆炸

6. 下列化合物中，氯元素化合价最高的是(D)。

A. $KClO_3$

B. $CaCl_2$

C. HClO

D. $HClO_4$

7. 酸碱中和反应，生成物一定有(C)生成。

A. 气体

B. 沉淀物质

C. 水

D. 悬浮物

8. 在化学反应中，某元素由游离态变为化合态时，该元素(B)。

A. 一定被还原

B. 可能被还原也可能被氧化

C. 一定被氧化

D. 既不被氧化也不被还原

9. 关于电解质，下列表述正确的是(B)。

A. 溶于水能够导电的物质

B. 在溶液中能离解为离子的化合物

C. 在水中能生成离子的物质

D. 熔融态能够导电的物质

10. 关于摩尔，下列表述正确的是(C)。

A. 摩尔是表示物质的量的数量单位

B. 摩尔是表示物质质量的单位

C. 摩尔是表示物质的量的单位

D. 摩尔是既表示物质中所含的微粒数，又表示物质量的单位

11. 1g 水中所含的氢原子数最接近于（ B ）。

A. 3.3×10^{22}

B. 6.7×10^{22}

C. 6.0×10^{22}

D. 1×10^{23}

12. 在相同的条件下，两种物质的量相同的气体必然（ A ）。

A. 具有相同的体积

B. 体积均为 22.4L

C. 是双原子分子

D. 具有相同的原子数目

13. 要中和 25mL 0.1mol/L 的 NaOH 溶液，需要 0.2mol/L（$1/2H_2SO_4$）溶液（ A ）mL。

A. 12.5

B. 25

C. 50

D. 6

14. 氧气属于（ C ）。

A. 剧毒气体

B. 易燃气体

C. 助燃气体

D. 惰性气体

15. 可以作为溶剂的（ D ）。

A. 只有固体

B. 只有液体

C. 只有气体

D. 气、液、固体都可以

16. 饱和溶液的特点是（ C ）。

A. 已溶解的溶质与未溶解的溶质的质量相等

B. 溶解和结晶不再进行

C. 在该温度下加入固体溶质，溶液浓度不改变

D. 蒸发掉部分溶剂，保持原来温度，溶液浓度会变大

17. 一定温度下某饱和溶液的质量分数是 $P\%$，此温度下，该溶液的溶解度是(　D　)。

A. Pg

B. （100−P） g

C. P/（100−P） g

D. 100P/（100−P） g

18. 要使硝酸钾的溶解度增大，采用的方法是(　D　)。

A. 增加水

B. 增加 KNO_3的量

C. 不断搅拌

D. 升高温度

19. 在 500mL 硫酸溶液中含 49g H_2SO_4，则该硫酸溶液的物质的量浓度是(　D　)。

A. 0. 5mol/L

B. 0. 1mol/L

C. 0. 5g/mL

D. 1mol/L

20. 今有 HCl 溶液，质量浓度为 344. 8g/L，密度 ρ=1. 149g/mL，则此溶液的质量分数为(　C　)。

A. 12. 48%

B. 24. 97%

C. 30%

D. 40%

21. 下列物质中，属于烃类的是(　C　)。

A. CH_3CH_2Cl

B. CH_3CH_2OH

C. C_7H_8

D. $CH_3CH_2NH_2$

22. 下列分子中，属于烷烃的是(　C　)。

A. C_2H_4

B. C_2H_2

C. C_2H_6

D. C_6H_6

23. 关于烷烃性质，下列表述不正确的是(D)。

A. 通常情况下烷烃化学性质很稳定

B. 通常情况下不与酸、碱反应

C. 通常情况下不与氧化剂发生反应

D. 通常情况下不易燃烧

24. 化学分析方法根据试样(B)的不同分为常量、半微量及微量分析。

A. 体积

B. 用量

C. 浓度

D. 密度

25. 通常把测定试样的物质组成叫做(A)。

A. 定性分析

B. 定量分析

C. 无机分析

D. 有机分析

26. 通用试剂优级纯常用(A)符号表示。

A. GR

B. AR

C. CP

D. LR

27. 我国国家标准 GB 15346—2012 规定通用试剂化学纯标签颜色为(C)。

A. 深绿色

B. 红色

C. 中蓝色

D. 棕色

28. 分析结果的准确度是指测得值与(A)之间的符合程度。

A. 真实值

B. 平均值

C. 最大值

D. 最小值

29. 对有限次测量而言，可以用(A)来表示数据的集中趋势。

A. 算术平均值

B. 真值

C. 最小值

D. 总体平均值

30. 下列选项中，可引起随机误差的是(D)。

A. 试剂含有较多杂质

B. 仪器不准

C. 实验用水不合格

D. 温度波动

31. 最常用的平均值是(A)。

A. 算术平均值

B. 几何平均值

C. 调和平均值

D. 加权平均值

32. 一只分度值为 0.1 的温度计，温度计示值为 100.00℃时，修正值为-0.40℃，用这只温度计测某一介质的温度示值为 100.00℃，则实际温度为(D)。

A. 100.4℃

B. 100.40℃

C. 99.6℃

D. 99.60℃

33. 汽油中含有(B)组分不会造成铜片腐蚀不合格。

A. 硫醇

B. 芳烃

C. 有机酸

D. 水溶性酸碱

34. 石油产品的密度随温度变化而变化，温度升高，油品密度(B)。

A. 上升

B. 下降

C. 不变化

D. 无法确定

35. 关于石油及其产品中的机械杂质的种类和来源，下列表述错误的是(D)。

A. 精制油品中大部分机械杂质是盐类、铁锈及一些白土

B. 润滑油脂中含有各种添加剂时，也有可能存在 0.025%以下的机械杂质

C. 原油中的机械杂质大部分是砂子、黏土及微小的铁屑铁锈及盐类

D. 在油品生产过程中，由于化学作用，也会产生机械杂质

36. 黏度是液体流动时（ D ）的量度。

A. 流动速度

B. 温度变化

C. 流动层相对移动

D. 内摩擦力

37. 评价油品低温性能的指标有浊点、冰点、凝点和（ C ）等。

A. 终馏点

B. 沸点

C. 冷滤点

D. 黏结点

38. 汽油诱导期是控制汽油（ A ）的指标之一。

A. 安定性

B. 燃烧性

C. 蒸发性

D. 腐蚀性

39. 胶质主要是由油品中的（ B ），特别是烯基苯、二烯烃、吡咯等不安定性组分氧化缩合而成。

A. 芳烃

B. 烯烃

C. 环烷烃

D. 烷烃

40. 评价柴油安定性的主要指标之一为（ D ）。

A. 碘值

B. 溴价

C. 诱导期

D. 柴油贮存安定性

41. 我国车用汽油产品标准中牌号是按（ A ）划分。

A. 研究法辛烷值

B. 马达法辛烷值

C. 抗爆指数

D. 人为规定

42. 柴油的燃烧性能是用（ C ）评价的。

A. 辛烷值

B. 抗爆指数

C. 十六烷值

D. 发热值

43. 柴油的十六烷值越高，柴油的发火延迟时间（ C ），燃烧性能（ C ）。

A. 越短，越差

B. 越长，越好

C. 越短，越好

D. 越长，越差

44. 中华人民共和国计量法规定的计量单位是（ C ）。

A. 国际单位制计量单位

B. 国家选定的其他单位

C. 国际单位制计量单位和国家选定的其他单位

D. 制外单位

45. 20℃应该读成（ C ）。

A. 摄氏 20 度

B. 20 度

C. 20 摄氏度

D. 都可以

46. 有关溶液的叙述，下列表述正确的是（ D ）。

A. 饱和溶液降低温度时，一定有溶质析出

B. 饱和溶液升高温度时，都变为不饱和溶液

C. 同温下，一种固体物质的饱和溶液一定比另一种固体物质的不饱和溶液含溶质的质量多

D. 一定温度下，某固态物质的饱和溶液，其溶质的质量分数为最大值

47. 天平使用前要先调（ C ）。

A. 零

B. 灵敏度

C. 水平

D. 感量

48. 电流的物理符号是（ C ）。

A. U

B. A

C. I

D. V

49. 人们常说的交流电压 220V、380V，是指交流电压的（ B ）。

A. 最大值

B. 有效值

C. 瞬时值

D. 平均值

50. 1 伏特等于（ C ）毫伏（mV）。

A. 10

B. 100

C. 1000

D. 1000000

51. 同一温度下，相同规格的四段导线，（ A ）导线的电阻最小。

A. 银

B. 铜

C. 铝

D. 铁

52. 一个完整的电路通常都是由（ A ）组成。

A. 电源、传输导线、控制电器和负载

B. 电源、导线、用电器

C. 变压器、电机、电缆

D. 开关、导线、负载

53. 在一段电阻电路中，如果电阻不变，当电压增加 2 倍时，电流将增加（ A ）。

A. 2 倍

B. 3 倍

C. 4 倍

D. 不变

54. 下列疾病中，由于长期接触苯而引起的是（ A ）。

A. 白血病

B. 心脏病

C. 高血压

D. 肾炎

55. 在装卸易燃易爆品操作中，不能使用（ A ）工具。

A. 铁制

B. 木制

C. 铜制

D. 塑胶

56. 液态危险化学品发生闪燃的最低温度叫做（ B ）。

A. 燃点

B. 闪点

C. 自燃点

D. 最低爆炸温度

57. 化验室常用（ B ）灭火器作为主要灭火工具。

A. 泡沫

B. 二氧化碳

C. 四氯化碳

D. 干粉

58. 用灭火器灭火时，灭火器的喷射口应该对准火焰的（ C ）。

A. 上部

B. 中部

C. 根部

D. 四周

59. 触电急救，首先要使触电者迅速脱离（ A ），越快越好。

A. 电源

B. 设备

C. 现场

D. 危险

60. 各种气瓶的存放，必须距离明火（ B ）以上，避免阳光暴晒，搬运时不得碰撞。

A. 1m

B. 3m

C. 10m

D. 15m

61. 当液化气罐内的气量不足时，应(B)。

A. 放在热水中加热

B. 换气

C. 把气罐横放

D. 摇晃

62. 关于硫酸的危害，下列表述错误的是(B)。

A. 对皮肤、黏膜等组织有强烈的刺激和腐蚀作用

B. 属于Ⅰ级化学毒物

C. 口服后引起消化道烧伤以致溃疡形成

D. 溅入眼内可造成灼伤，甚至角膜穿孔、全眼炎以至失明

相 关 知 识

一、判断题（正确的画✓，错误的画×）

1. 在取样的整个过程中，必须考虑被取样产品的特性和已知危害，并采取针对性的预防措施。（ ✓ ）
2. 玻璃仪器使用前均需干燥。（ × ）
3. 用浓溶液配制稀溶液的计算依据是稀释前后溶质的物质的量不变。（ ✓ ）
4. 缓冲溶液能对溶液的浓度起稳定作用。（ × ）
5. 根据指示剂的不同，滴定分析法主要分为酸碱滴定法、配位滴定法、氧化还原滴定法、沉淀滴定法等类型。（ × ）
6. 在溶液里，随着溶液酸碱性的变化，指示剂的分子结构发生变化而显示出不同的颜色。（ ✓ ）
7. 过滤时为了避免沉淀堵塞滤纸的孔隙，影响过滤速度，多采用倾泻法过滤。（ ✓ ）
8. 沉淀的洗涤采用少量多次洗法。（ ✓ ）
9. 沉淀的烘干必须进行到恒重。（ ✓ ）
10. 灼烧空坩埚的温度不必与以后灼烧沉淀的温度一致。（ × ）
11. 在运算中弃去多余数字，应以“四舍五入”的原则决定进位或弃去。（ × ）
12. 几个数相加、减时，其和或差的有效数字的保留应以小数点后位数最少的数为准。（ ✓ ）
13. 在乘除法运算中，所得积或商的有效数字的位数以有效数字位数最少的数为准。（ ✓ ）
14. 电加热板实际就是封闭式电炉，由于炉丝不外露，所以使用安全、方便，尤其是加热有机物。（ ✓ ）
15. 用加热套加热容量瓶，省电、安全、快速。（ × ）
16. 水浴锅用来加热和蒸发易挥发、易燃的有机溶剂。（ ✓ ）

17. 天平的防震要求较高，震动能损坏天平的刀刃且使天平变动性增大。（ ✓ ）
18. 被称样品的温度与天平室温度不一致时可以称量。（ × ）
19. 吸收光谱有原子吸收光谱和离子吸收光谱。（ × ）
20. 紫外分光光度计结构原理与可见光光度计相同，但由于其工作在紫外区，故光源为能辐射紫外光的氘灯或氢灯，单色器采用石英棱镜或光栅，比色皿多采用石英玻璃制成，检测器采用蓝敏光电管或光电倍增管。（ ✓ ）
21. 入射光与透射光强度之比称为透光度，用 T 表示，$T = I_0/I_t$。（ × ）
22. 各种物质都有特征的吸收曲线和最大吸收波长，这种特性可作为物质定性分析的依据。（ ✓ ）
23. 同一物质不同浓度的溶液，吸收曲线的形状相同，最大吸收波长不同，浓度越高，吸收越大。（ × ）
24. 溶液的吸光度数值与溶液自身的性质、溶液的浓度、比色皿的厚度和所用参比溶液有关。（ ✓ ）
25. 分光光度计单色器一般由入光狭缝、色散器和出光狭缝组成。（ × ）
26. 灵敏度选择：在能使参比溶液调到 $T=100\%$处时，尽量使用灵敏度较高的挡。（ × ）
27. pH 值也称氢离子浓度指数，是溶液中氢离子浓度的一种标度。（ × ）
28. 电位法测 pH 值测定原理是基于测量原电池的电动势，构成电池的两个电极。（ ✓ ）
29. 水的电导率越大说明水中含有更多的离子，水的纯度就越差，故一般用这个指标来衡量水的纯度。（ ✓ ）
30. 电解质的电导率与其物质的量浓度成正比。（ × ）
31. 库仑计法水分测定的结果是利用了法拉第定律。（ ✓ ）
32. 电位滴定分析滴定终点滴定体积的确定方法有两种，一种是作图法，另一种是二次微商法。（ ✓ ）
33. 在电导率仪的日常维护工作中，应注意保持电极插头清洁。（ ✓ ）
34. 折射率是有机化合物最重要的物理常数之一，可用来鉴定未知物或鉴定物质的纯度。（ ✓ ）
35. 阿贝折光仪的棱镜，不能用硬物触及（如滴管），擦拭棱镜需用擦镜纸。（ ✓ ）
36. 闪点是指可燃性液体的蒸气同空气的混合物在临近火焰时能发生短暂闪火的最高温度。（ × ）

37. 油品中存在的水溶性酸或碱会促使油品老化。(√)

38. 用酸度计测定抽出水溶液的 pH 值，判断有无水溶性酸或碱。(√)

39. 测定水含量时，蒸馏时加入的溶剂和水一起沸腾并蒸出，可将试油中含有的水携带出来，经冷凝后流入接收器中。(√)

40. 凝点就是石油产品在低温下失去流动性的最高温度。(√)

41. 测定油品的凝点除使用专用的测定器外，还需要使用恒温水浴对试样进行预热。(√)

42. 含有机械杂质的燃料会降低发动机的效率。(√)

43. 油品中的机械杂质是指存在于油品中所有不溶于溶剂油（汽油、甲苯等）的沉淀状或悬浮状物质。(√)

44. 机械杂质测定中，带滤纸的敞口称量瓶应重复干燥及称量，直至连续两次称量间的差数不超过 0.002g。(×)

45. 用煤油或洗涤溶剂湿润砂纸，以往复动作将铜片对着砂纸摩擦。(×)

46. 测定柴油的馏程可判断柴油在发动机燃烧室内能否迅速蒸发汽化和燃烧性能的好坏。(√)

47. 馏程测定仪的安装应完全符合试验方法的要求，试验所用的蒸馏烧瓶、量筒和温度计必须经过校准，并符合规格标准才能使用。(×)

48. 胶质含量测定时，当使用蒸汽喷射装置时，每个出口的流速要达到 600mL/s±90mL/s。(×)

49. 燃油系统中过多的污染物会导致过滤器阻塞及（或）硬件故障。(√)

50. 博士试验中，振荡加有亚铅酸钠溶液的试样，并观察混合溶液，从外观来推断是否存在硫醇、硫化氢、元素硫或过氧化物。(√)

51. 冷滤点与工作极限温度的良好对应关系，不受是否加有低温流动性改进剂的影响。(√)

52. 进行柴油冷滤点测试时，需将试样预热至 50℃±1℃。(×)

53. 测定柴油酸度时，每次滴定过程中，自锥形瓶停止加热到滴定终点所经过的时间不应超过 5min。(×)

54. 石油产品水分测定试验要严格控制蒸馏速率，从冷凝管斜口以每秒钟滴下冷凝液 5~10 滴为宜。(×)

55. 石油产品水分测定之前，冷凝管上端要用干净棉花塞住，防止空气中的水分冷凝落入，使结果偏低。(×)

56. 采用步骤 A 测定闭口闪点，在整个试验期间，试样以 1.0~1.5℃/min 的速率升温。(×)

57. 试验油品含水时测定凝点前要进行脱水处理。(√)

58. 机械杂质测定中，恒重时要严格控制温度和时间。(√)

59. 密度计法测定密度时，整个试验期间环境温度变化应不大于±1℃。(×)

60. 试验前检查浴介质液面高度是否符合要求，能使试管浸没至浴液中 50mm 深度。(×)

61. 测定汽油馏程时，从开始加热到初馏点的时间为 5~15min。(×)

62. 比色仪试样容器盖的内面是暗黑色的，要能完全防御外来光。(√)

63. 浊点测定时，应预先将垫片和套管放入冷却介质中至少 30min。(×)

64. 放置胶质杯的干燥器可不放干燥剂。(×)

65. 测定燃料胶质含量时，如果样品中存在悬浮或沉淀的固体物质，必须充分混匀样品容器内的物质，然后立即在常压下将样品用烧结玻璃过滤漏斗过滤后再进行试验。(√)

66. SH/T 0694—2000《中间馏分燃料十六烷指数计算法（四变量公式法）》计算十六烷指数时，要想得到试样的十六烷指数与平均值偏差的第二个校正系数，需要知道试样 10%和 90%回收温度。(√)

67. 总污染物测定时，试样转移到过滤装置的过程中不要使过滤装置空抽。(√)

68. 进行柴油冷滤点测试时，试样如含水、机械杂质，必须脱水脱杂，否则会堵塞过滤器，使测定结果偏低。(×)

69. 密度最终结果报告到 0.1kg/m^3（0.0001g/cm^3）。(×)

70. 测定浊点的报告中需注明：试样是否过滤、脱水。(×)

71. 博士试验测定时，如果试样存在过氧化物，则报告“试验无效——存在干扰物质”。(×)

72. 蒸馏法测定水分时，蒸馏过程中必须接通冷凝水，否则会发生冲油危险。(√)

73. 闪点测定仪器由试验杯、盖组件和加热室组成。(√)

74. 高温范围温度计在超过 371℃以上使用后可不经过校正再次使用。(×)

75. 密度计读数时可与量筒壁及底部相接触。(×)

76. 蒸气压试验完毕，应将蒸气压弹清洗干净，以备下次使用。(√)

77. 微量法测定蒸气压，仪器使用时，每天用一已知挥发性的确定液体来校正仪器。(√)

二、单项选择题

1. 取样的重要性不亚于石油产品分析本身，所取试样必须具有（ C ）。

A. 准确性

B. 重要性

C. 代表性

D. 重复性

2. GB/T 4756—2015《石油液体手工取样法》规定了适用于在（ C ）的油罐中储存的或管线输送的，在常温到200℃范围内以液体形式储运的石油产品原油即中间产品的取样。

A. 高压或接近高压

B. 中压或接近中压

C. 常压或接近常压

D. 低压或接近低压

3. 如果对样品的检验表明油罐液体是不均匀的，应在多于（ B ）点的液位采集点样，制备用于分析的组合样。

A. 2

B. 3

C. 4

D. 5

4. 如果对样品的检验表明油罐液体是均匀的，可将它们按每种样品代表的（ A ）按比例混合，以进行下一步的试验。

A. 体积

B. 质量

C. 体积或质量

D. 体积和质量

5. 一列龙组有9~15个油罐车，按照一次取样方案，选取样品数为（ C ）。

A. 1个

B. 2个

C. 3个

D. 4个

6. 顶部样是在汽油或柴油的顶部液面下，其深度的（ C ）处所采取的试样。

A. 100mm

B. 120mm

C. 150mm

D. 180mm

7. 对石油产品取样装置的一般要求是(A)。

A. 可携带的或固定的

B. 不可携带的

C. 不固定的

D. 盛装试样的设备

8. 容器内应留出至少(A)的膨胀空间。

A. 5%

B. 10%

C. 15%

D. 20%

9. 如果采集样品用于微量元素的分析，这种样品应(C)采入所准备的样品容器内。

A. 立刻

B. 转移

C. 直接

D. 仔细

10. 为避免轻组分通过封闭器的损失，应以容器(D)的方式运输和储存样品。

A. 正立

B. 倾斜

C. 躺倒

D. 倒置

11. 当充装固定容积的取样容器时，样品管线的出口在取样期间应延伸至样品容器的(C)。

A. 上部

B. 中部

C. 底部

D. 任何部位

12. 对于全层样，如果取样器充满至(D)以上，则样品可能不具有代表性。

A. 60%

B. 70%

C. 80%

D. 90%

13. 油船舱取样时，由于各种因素的限制，当不能在所有舱室进行取样时，经交接各方协商，可进行随机取样，但应包括（ D ）。

A. 任意舱

B. 底舱

C. 末舱

D. 首舱

14. 对于一列装有相同产品的铁路罐车，各方就接受从有限数目罐车中采样达成一致，应按照符合取样方案所述通用方法的取样计划，从据此选择的罐车上取样，但应包括（ A ）。

A. 首车

B. 尾车

C. 任意一车

D. 无要求

15. 汽车罐车取样时，当液体深度是直径的 80%时，组合样中上、中、下部的比例为（ B ）。

A. 1∶1∶1

B. 2∶5∶3

C. 3∶2∶5

D. 3∶4∶3

16. 对均匀液体的管线取样时，如果按输油时间取样，当输油时间超过 2h 时，在输油开始时取样 1 次，以后每隔（ B ）取样 1 次。

A. 0. 5h

B. 1h

C. 1. 5h

D. 2h

17. 加油机（油枪）取样时，为油枪配一个加长管，使燃料在没有飞溅的情况下，直接到达样品容器的（ C ）。

A. 上部

B. 中部

C. 底部

D. 任意部位

18. 油罐取样不均匀石油液体时，当试验结果的变化范围不超过（ D ）（密度）和±0.1%（体积分数）（水含量）时，罐内样品应代表罐内所有液体，采用平均结果。

A. $\pm 0.1 kg/m^3$

B. $\pm 0.3 kg/m^3$

C. $\pm 0.5 kg/m^3$

D. $\pm 1.0 kg/m^3$

19. 任何样品转移都应在混合物已知（ B ）的期间内完成。

A. 搅拌

B. 均匀

C. 分层

D. 固化

20. 当用带外部搅拌器的循环系统对样品进行均化时，使用的循环流速应使全部样品（ C ）至少循环一次。

A. 每五分钟

B. 每两分钟

C. 每分钟

D. 每半分钟

21. 检验搅拌效果时，当平均测量水含量为4.01%～6.00%（质量分数）时，两次结果的最大差值为（ B ）。

A. 0.10%（质量分数）

B. 0.15%（质量分数）

C. 0.20%（质量分数）

D. 0.25%（质量分数）

22. 试样容器应留出在处理试样时所需要的至少（ C ）的无油空间。

A. 2%

B. 5%

C. 10%

D. 15%

23. 分液漏斗可用于分离（ C ）。

A. 润滑油中的机械杂质

B. 无水乙醇和水

C. 汽油和水

D. 碱性蓝指示剂的色素

24. 例行洗涤法中，应按(B)的原则用水冲洗。

A. 多量少次

B. 少量多次

C. 三次

D. 五次

25. 机械天平是依据(C)原理设计的。

A. 平衡

B. 稳定

C. 杠杆

D. 电磁

26. 天平使用前要先调(C)。

A. 零

B. 灵敏度

C. 水平

D. 感量

27. 电子天平在安装之后，称量前必不可少的一个环节是(B)。

A. 清洁

B. 校准

C. 加入托盘

D. 直接放入样品

28. 石油产品试验用温度计主要技术条件应符合(A)标准要求。

A. GB/T 514

B. GB/T 261

C. GB/T 8019

D. GB/T 265

29. 依据国标，在实验室用水的技术指标中三级水的 pH 值范围（25℃）是(C)。

A. 6~9

B. 6~8.5

C. 5.0~7.5

D. 6.5~8.5

30. 配制一定物质的量浓度的氢氧化钠溶液时，造成所配溶液浓度偏高的原因是(　D　)。

A. 所用 NaOH 已潮解

B. 有少量的 NaOH 溶液残留在烧杯里

C. 向容量瓶中加水超过刻度线

D. 容量瓶使用前，用 NaOH 溶液涮洗过

31. 用有机溶剂配制溶液时，下列错误的操作是(　C　)。

A. 应不时搅拌

B. 在热水中温热溶液

C. 可直接加热

D. 在通风橱中操作

32. 滴定反应要求在(　B　)完成。

A. 一定时间内

B. 瞬间

C. 不需加热的情况下

D. 不需加催化剂的情况下

33. 重量分析法主要用于测定(　D　)。

A. 痕量组分

B. 微量组分

C. 痕量和常量组分

D. 常量组分

34. 各种指示剂的变色范围的幅度各不相同，但一般不大于(　B　)个 pH 单位，也不小于(　B　)个 pH 单位。

A. 1，2

B. 2，1

C. 3，2

D. 10，2

35. 影响指示剂变色范围的主要因素不包括(　B　)。

A. 溶剂

B. 试液的酸碱性

C. 指示剂用量

D. 温度

36. 关于无定形沉淀的特点，下列说法错误的是(　C　)。

A. 结构疏松

B. 排列不规则

C. 易于沉降

D. 沉淀体积大

37. 烘干温度的确定主要根据沉淀物（ C ）确定。

A. 颜色

B. 形状

C. 性质

D. 都不对

38. 在记录数据和计算结果时保留的有效数字中，只有（ B ）是可疑数字。

A. 次位

B. 最后一位

C. 二位

D. 三位

39. 往干燥箱中放称量瓶或其他玻璃器皿时，应（ B ）放。

A. 从下往上

B. 从上往下

C. 从中间

D. 任意

40. 使用 U 形水银压力计时，绝对压力、表压和大气压力之间的关系为（ A ）。

A. 绝对压力＝表压＋大气压

B. 表压＝大气压－绝对压力

C. 大气压＝绝对压力＋表压

D. 大气压＝表压－绝对压力

41. 不同（ D ）的可见光可使眼睛引起不同颜色的感觉。

A. 吸光度

B. 透过率

C. 强度

D. 波长

42. 棱镜的色散作用是利用光的（ A ）原理。

A. 折射

B. 干涉

C. 衍射

D. 散射

43. 常用的目视比色法是(D)。

A. 内标法

B. 示差比色法

C. 工作曲线法

D. 标准系列法

44. 引起朗伯-比尔定律偏离的主要原因不是(C)。

A. 溶液本身发生化学变化

B. 介质不均匀

C. 单色光

D. 溶液浓度高

45. $A=k_1b$，这是朗伯定律表达式，式中，b 为液层厚度，k_1 为比例常数，它与(C)无关。

A. 入射光波长

B. 溶液性质

C. 入射光强度

D. 溶液温度

46. 比色皿洗净后，可(C)。

A. 直接收于比色皿盒子中

B. 正置晾干

C. 倒置于滤纸上晾干

D. 用滤纸擦干

47. 原子吸收分光光度计点火前是先开(A)后开(A)，关机是先关(A)，后关(A)。

A. 助燃气，燃气，　燃气，助燃气

B. 燃气，助燃气，　燃气，助燃气

C. 燃气，助燃气，　助燃气，燃气

D. 助燃气，燃气，　助燃气，燃气

48. 使用 pH 值计进行 pH 值测量时，当缓冲溶液对仪器进行校准结束后，须用(C)清洗电极。

A. 缓冲溶液浓度大的

B. 缓冲溶液浓度小的

C. 蒸馏水

D. 待测溶液

49. 电导率单位是（ B ）。

A. 欧姆

B. 西门子

C. 伏特

D. 安培

50. 电导滴定法是根据滴定过程中由于化学反应所引起的溶液（ D ）来确定滴定终点的。

A. 电导

B. 电导率

C. 电导变化

D. 电导率变化

51. 卡尔·费休法测水分最基本的反应是（ A ）。

A. $SO_2+I_2+2H_2O = H_2SO_4+2HI$

B. $SO_2+Br_2+2H_2O = H_2SO_4+2HBr$

C. $4SO_2+2Br_2+4H_2O = 4H_2SO_3+4HBr$

D. $4SO_2+2I_2+4H_2O = 4H_2SO_3+4HI$

52. 测定溶液的 pH 值，不需要进行的步骤是（ D ）。

A. 样品准备

B. 仪器准备

C. 仪器校正

D. 溶液电极电位的测量

53. 利用库仑计法水分测定仪测定水分时，样品的加入应在（ B ）。

A. 开始测定前

B. 测定开始，延迟时间范围内

C. 延迟时间之后

D. 任意时间

54. 新使用或长期不用的玻璃电极在使用前，必须用（ A ）浸泡。

A. 蒸馏水

B. 稀盐酸

C. 洗液

D. 饱和 KCl

55. 玻璃电极在长期的使用中会老化，其一般使用期为（ C ）。

A. 三年

B. 二年

C. 一年

D. 半年

56. 在电导测定过程中，选择（ B ）标准溶液应尽量选用电阻值接近待测溶液的电阻值的浓度。

A. 硝酸钾

B. 氯化钾

C. 硫酸钾

D. 碘化钾

57. 通常把光在（ B ）中的传播速度与其在待测物中的传播速度之比称为折射率。

A. 油气

B. 空气

C. 液体

D. 油品

58. 在测定折射率时，转动手轮，消除视野中的彩色带，使明暗分界线清晰，当调到明暗分界线恰好处在（ B ）时，观察读数镜筒视野中右边标尺所指示的刻度值即是该液体的 n_D 值。

A. 同一直线

B. 十字线中心

C. 同一点

D. 互相垂直

59. 石油产品酸度是测定油品中含有的（ D ）。

A. 有机酸

B. 无机酸

C. 环烷酸

D. 无机酸和有机酸的总和

60. 测定石油产品酸度可采用容量分析中的（ C ）。

A. 氧化还原滴定法

B. 络合滴定法

C. 酸碱滴定法

D. 电位滴定法

61. 石油产品含水可能造成危害，其中错误的说法是（ B ）。

A. 含水降低油品抗氧化性能

B. 水分蒸发时要吸收热量，会使油品发热量升高

C. 含水会破坏油品的低温流动性能

D. 轻质燃料油中的水分会使燃烧过程恶化

62. （ B ）是评定液体火灾危险性的主要依据。

A. 燃点

B. 闪点

C. 自燃点

D. 着火点

63. 闭口闪点测定仪用有证标准样品（ C ）至少校验一次。

A. 每季度

B. 每半年

C. 每年

D. 每两年

64. 油品的凝点主要和化学组成、馏分的轻重有关，一般来说，馏分越（ B ）则凝点越（ B ）。

A. 轻、高

B. 轻、低

C. 重、高

D. 重、低

65. 燃料闪点的高低可说明石油产品的（ B ）。

A. 质量

B. 挥发性

C. 热值

D. 纯度

66. 石油和石油产品在标准状况即（ C ）下的密度称为标准密度。

A. 20℃

B. 101.325kPa

C. 20℃和101.325kPa

D. 20℃或101.325kPa

67. 测定原油样品密度，要加热到20℃，或高于倾点（ A ）℃以上，或高于浊

点以上(A)℃中较高的一个温度。

A. 9、3

B. 9、5

C. 15、3

D. 15、5

68. 通过铜片腐蚀试验可判断燃料中是否含有腐蚀金属的(C)。

A. 中性硫化物

B. 芳烃

C. 活性硫化物

D. 非活性硫化物

69. 汽油、柴油铜片腐蚀测定是在规定条件即(B)下，观察铜片在油品中的颜色变化，判断油品的腐蚀性。

A. 50℃、2h

B. 50℃、3h

C. 100℃、2h

D. 100℃、3h

70. 初馏点表示(D)，可判断汽油中影响汽化式发动机加温速度的较轻馏分的数量。

A. 汽油的轻质馏分含量

B. 汽油的平均蒸发性

C. 汽油的轻质组分的沸点

D. 汽油在低温下的启动性能

71. 测定汽油馏程时，量取试样、馏出物和残留液体积时温度均要保持在(A)。

A. 13~18℃

B. 0~1℃

C. 1~4℃

D. 0~10℃

72. 对于裂化的石油产品因含有(B)，性质不安定，在空气中就能氧化聚合生成胶质，使油品颜色变深。

A. 大分子烃类

B. 不饱和烃类和非烃类

C. 小分子烃类

D. 烷烃

73. 色度测定时，将试样注入带盖的试样容器，开启标准光源，旋转标准色盘转动手轮，同时从观察目镜中比较，以(C)的色号作为该试样的色号。

A. 大于

B. 小于

C. 相同

D. 任意

74. 液体石油产品如润滑油，将样品倒入试样容器至(B)以上的刻度，观察颜色。

A. 30mm

B. 50mm

C. 60mm

D. 80mm

75. 当油品中有微量水时，在较低温度下，(D)会达到饱和状态，就会以游离状态或冰晶状态析出。

A. 结晶水

B. 悬浮水

C. 乳化水

D. 溶解水

76. 轻质油品在规定的试验条件下冷却，并定期地进行观测，当试样开始呈现雾状或浑浊时的最高温度称为(C)。

A. 冰点

B. 结晶点

C. 浊点

D. 冷滤点

77. 油品的蒸气压是衡量油品(D)的重要指标。

A. 易燃性

B. 易爆性

C. 流动性

D. 挥发性

78. 在一定量的油品汽化过程中，由于气相中轻组分含量多，因此当汽化率增加时则液相组成逐渐变重，其蒸气压不断(B)。

A. 升高

B. 降低

C. 不变

D. 不确定

79. 微量法蒸气压测定中，测试室内的体积是所加试样体积的(C)倍。

A. 3

B. 4

C. 5

D. 6

80. 蒸气压测定取样要求试样容器所装试样的体积不少于容器内容量的(D)。

A. 50%，但不超过 60%

B. 50%，但不超过 80%

C. 70%，但不超过 90%

D. 70%，但不超过 80%

81. 雷德蒸气压的测定应是被分析试样的(A)试验。

A. 第一个

B. 最后一个

C. 中间一个

D. 任意一个

82. 微量法蒸气压测定，如用注射器注射样品，在抽样前，应把注射器冷却到(D)。

A. 0~1℃

B. 0~2℃

C. 0~3℃

D. 0~4.5℃

83. 燃料胶质含量用以评定燃料在发动机中使用时(C)的倾向。

A. 发火性能

B. 生成积炭

C. 生成胶质

D. 爆震

84. 溶剂洗胶质含量是非航空燃料的蒸发残渣经过(D)洗涤，除去洗涤液后的残渣量。

A. 异辛烷

B. 石油醚

C. 正十六烷

D. 正庚烷

85. 洗涤胶质烧杯用的胶质溶剂由等体积的(B)配制而成。

A. 甲苯和甲醇

B. 甲苯和丙酮

C. 甲醇和丙酮

D. 甲醇、甲苯和丙酮

86. 表示馏分燃料在发动机中发火性能的一个计算值称为(C)。

A. 辛烷值

B. 抗爆指数

C. 十六烷指数

D. 十六烷值

87. GB/T 33400—2016《中间馏分油、柴油及脂肪酸甲酯中总污染物含量测定法》规定了中间馏分油、脂肪酸甲酯体积分数不大于(C)的柴油及纯脂肪酸甲酯（BD100）中总污染物含量的测定方法。

A. 10%

B. 20%

C. 30%

D. 40%

88. 测定中间馏分油和柴油的总污染物含量时，打开样品容器密封盖，将容器及其中样品置于40℃的水浴或烘箱中(B)，以确保析出组分能再次溶解于样品中。

A. 10~30min

B. 30~60min

C. 30min

D. 60min

89. 试样在规定的条件下冷却，试样不能流过过滤器或20mL试样流过过滤器的时间超过(D)或试样不能完全流回试杯时的最高温度，称为冷滤点。

A. 30s

B. 40s

C. 50s

D. 60s

90. 测定石油产品酸度时，在中和95%的乙醇前，需将其煮沸（ D ）。

A. 1min

B. 2min

C. 3min

D. 5min

91. 水溶性酸或碱测定中，在用蒸馏水试验出现油品的乳化现象后，改用（ B ）作抽提溶剂反复试验，如仍呈碱性反应，方可确认为碱性。

A. 乙醇溶液

B. 氯化钠水溶液

C. 硫酸水溶液

D. 1：1 的 95%乙醇水溶液

92. 测定水分时若试样的水分超过（ D ），试样的重量应酌情减少，使蒸出水不超过 10mL。

A. 5%

B. 6%

C. 8%

D. 10%

93. GB/T 260 中所用石油醚其沸点范围在（ C ）之间。

A. 90～120℃

B. 90～110℃

C. 100～120℃

D. 110～120℃

94. GB/T 261—2008《闪点的测定（宾斯基-马丁闭口杯法）》中步骤 A 要求从预计闪点以下（ B ）开始点火。

A. 10℃±5℃

B. 23℃±5℃

C. 23℃±1℃

D. 23℃±2℃

95. GB/T 261—2008《闪点的测定 宾斯基-马丁闭口杯法》中步骤 A 要求当试样闪点不高于 110℃时，从预计闪点以下开始点火，试样每升高（ A ）点火一次。

A. 1℃

B. 2℃

C. 3℃

D. 4℃

96. 凝点测定前，试管中的试样要在水浴中预热到（ A ），在室温中冷却到35℃±5℃后再测定。

A. 50℃±1℃

B. 60℃±5℃

C. 50℃±5℃

D. 60℃±1℃

97. 冷却速度对凝点的测定结果有较大的影响，要控制冷浴的温度比预期凝点低（ C ）。

A. 5~6℃

B. 6~7℃

C. 7~8℃

D. 8~9℃

98. 测定机械杂质时，可使用直径为（ B ）的中速定量滤纸。

A. 18cm

B. 11cm

C. 9cm

D. 7cm

99. GB/T 1884—2000（2004）《原油和液体石油产品密度测定法（密度计法）》要求，测定透明样品密度时，在读数过程中，视线与（ A ）在同一平面内。

A. 样品的弯月面下缘

B. 样品的弯月面上缘

C. 密度计的下缘

D. 密度计的上缘

100. 测定汽油、柴油等燃料油的铜片腐蚀时，把完全清澈、无悬浮水试样倒入清洁、干燥试管的（ C ）刻线处，并将经过磨光、干净的铜片在（ C ）内浸入试样中。

A. 30mL、30s

B. 45mL、30s

C. 30mL、1min

D. 45mL、1min

101. 测定馏程，蒸馏烧瓶应调整在垂直位置，烧瓶支管应伸入冷凝管内（ A ）。

A. 25～50mm

B. 25～60mm

C. 15～30mm

D. 15～50mm

102. 蒸馏测定中，回收量增加的原因不包括（ B ）。

A. 量取试样量多

B. 量取试样时的温度偏高

C. 冷凝管未擦干净

D. 蒸馏烧瓶未干燥

103. 下列影响馏出液体积的因素中，可能造成体积过少的因素是（ C ）。

A. 测定前冷凝管为擦干净

B. 冷凝管的凝结水流入量筒中

C. 仪器连接处密封不好

D. 所用蒸馏烧瓶未干燥

104. 观察浊点的过程要迅速，从取出试管观察浊点到放入套管内不超过（ B ）。

A. 2s

B. 3s

C. 5s

D. 10s

105. GB/T 8017—2012《石油产品蒸气压的测定雷德法》中恒温浴的温度是（ B ）。

A. 37. 7℃±0. 1℃

B. 37. 8℃±0. 1℃

C. 37. 9℃±0. 1℃

D. 40. 0℃±0. 1℃

106. 蒸气压测定前，必须彻底冲洗（ A ）等，以保证不含有前次试验的残余试样。

A. 空气室和燃料室

B. 空气室

C. 燃料室

D. 冷却容器

107. 每次蒸气压试验后，应将压力表用（ B ）进行校对，在读数时压力表必须处于垂直位置。

A. 水位压差计

B. 水银压差计

C. U 形水位压差计

D. 空盒压力表

108. 微量法蒸气压测定时，对于仲裁试验，必须用（ A ）的样品容器。

A. 1L

B. 2L

C. 4L

D. 5L

109. 微量法测定蒸气压时，用于监控测试室温度的铂电阻温度计，至少（ B ）检验一次。

A. 3 个月

B. 6 个月

C. 12 个月

D. 18 个月

110. GB/T 8019—2008《燃料胶质含量的测定　喷射蒸发法》方法测定燃料胶质含量时，每个烧杯放进浴中后，应保持规定的温度和流速，使试样蒸发（ C ）。

A. 10min

B. 20min

C. 30min

D. 60min

111. GB/T 8019—2008《燃料胶质含量的测定　喷射蒸发法》方法测定燃料胶质含量时，浴温应控制在（ A ）。

A. 160～165℃

B. 160～170℃

C. 150～155℃

D. 150～165℃

112. GB/T 11139—89《馏分燃料十六烷指数计算法》计算中使用的是（ C ）密度。

A. 0℃

B. 15℃

C. 20℃

D. 40℃

113. GB/T 11139—89《馏分燃料十六烷指数计算法》计算十六烷指数公式适合于计算在（ D ）个单位之间的十六烷值。

A. 20~50

B. 20~60

C. 30~60

D. 30~70

114. SH/T 0694—2000《中间馏分燃料十六烷指数计算法（四变量公式法）》适用于（ D ）。

A. 含有十六烷值改进剂的燃料

B. 纯烃

C. 由煤生产的馏分燃料

D. 石油中间馏分燃料

115. GB/T 33400—2016《中间馏分油、柴油及脂肪酸甲酯中总污染物含量测定法》中规定，如果试样（ C ）未完成过滤，停止过滤操作并记录已过滤的样品体积。

A. 60min

B. 45min

C. 30min

D. 15min

116. 试样与博士试剂混合后应当用力摇动（ C ），并在规定的静止时间内观察油、水两相硫黄粉层的颜色变化。

A. 5s

B. 10s

C. 15s

D. 20s

117. 博士试验法定性测定硫醇硫时，要排除（ A ）的干扰。

A. 硫化氢

B. 二氧化硫

C. 过氧化物

D. 硫醇

118. 进行柴油冷滤点测试时，温度计要垂直插入试杯中，并使温度计的底部距离试杯底部（ B ），否则测定温度不准确。

A. 1. 3mm±0. 2mm

B. 1. 5mm±0. 2mm

C. 1. 7mm±0. 2mm

D. 1. 9mm±0. 2mm

119. GB/T 258—2016《轻质石油产品酸度测定法》酸度的计算公式是（ A ）。

A. $100\times56.1cV/V_1$

B. $100cV/V_1$

C. $56.1cV/V_1$

D. $56.1V/V_1$

120. 采用指示剂法进行水溶性酸或碱测定时，当抽提物呈玫瑰色时，报出（ B ）。

A. 石油产品中有水溶性碱

B. 石油产品中有水溶性酸

C. 石油产品中无水溶性碱

D. 石油产品中无水溶性酸

121. 用 GB/T 260 标准方法测定 100g 石油样品中水分，接收器中收集水的体积小于（ B ）时，认为是痕迹。

A. 0. 04mL

B. 0. 03mL

C. 0. 02mL

D. 0. 01mL

122. 闭口闪点结果需要经过（ C ）修正。

A. 温度计

B. 大气压力

C. 温度计和大气压力

D. 压力表

123. 凝点测定时，同一操作者测定两个结果之差不应超过（ B ）。

A. 1. 0℃

B. 2. 0℃

C. 3. 0℃

D. 4. 0℃

124. 用 GB/T 511—2010《石油和石油产品及添加剂机械杂质测定法》标准方法测定机械杂质时，油品机械杂质的含量（质量分数）在(C)以下时，认为无机械杂质。

A. 0. 5%

B. 0. 05%

C. 0. 005%

D. 0. 0005%

125. 按腐蚀级别报告试样的腐蚀性，并报告(D)。

A. 试验时间

B. 试验温度

C. 试验时间或试验温度

D. 试验时间和试验温度

126. GB/T 6536—2010《石油产品常压蒸馏特性测定法》中规定测定馏程时，根据所用仪器要求，记录所有百分数精确至(C)。

A. 0. 5%

B. 0. 1%

C. 0. 5%或 0. 1%

D. 0. 5%或 1. 0%

127. 当采用 GB/T 6540—1986《石油产品颜色测定法》方法测定油品颜色时，若试样颜色居于 2. 5 号和 3. 0 号之间，应报告为(A)。

A. 小于 3. 0 号

B. 大于 2. 5 号

C. 3. 0 号

D. 2. 5 号

128. GB/T 8017—2012《石油产品蒸气压的测定　雷德法》方法测定蒸气压时，报告准确至(A)。

A. 0. 25kPa

B. 0. 5kPa

C. 0. 25kPa 或 0. 5kPa

D. 1. 0kPa

129. 微量法测定蒸气压时，对于不能自动记录稳定的压力值的仪器，要手动记录每分钟的压力读数，准确到(A)。

A. 0. 1kPa

B. 0. 2kPa

C. 0. 5kPa

D. 1. 0kPa

130. 对非航空燃料，按照有效数字规则进行修约，报告胶质含量值至（ C ），作为溶剂洗胶质含量或未洗胶质含量。

A. 0. 1mg/100mL

B. 0. 2mg/100mL

C. 0. 5mg/100mL

D. 1. 0mg/100mL

131. GB/T 11139 方法测定的十六烷指数公式计算和图算结果，精确至（ D ）。

A. 0. 1

B. 0. 01

C. 0. 001

D. 整数

132. SH/T 0694 方法测定的十六烷指数计算结果，精确至（ A ）。

A. 0. 1

B. 0. 01

C. 0. 001

D. 整数

133. 报告试样的总污染物含量，精确至（ B ）。

A. 0. 1mg/kg

B. 0. 5mg/kg

C. 0. 1g/kg

D. 0. 5g/kg

134. 冷滤点测定结果需要经过（ B ）修正。

A. 大气压力

B. 温度计

C. U 形管压差计

D. 流量计

135. 冷滤点测定仪器压缩机制冷严禁频繁启动，关闭制冷机后必须间隔（ A ）后才能再次启动，以免损坏压缩机。

A. 30min

B. 20min

C. 10min

D. 5min

136. 应用GB/T 8019—2008《燃料胶质含量的测定　喷射蒸发法》汽油胶质含量测定装置进行空气流量标定时，常需要在(D)进行。

A. 常温下

B. 不接通电源的情况下

C. 高温下

D. 常温不接通电源的情况下

137. LIMS是以(B)为核心，涵盖从样品登录、登记管理、分析测试、数据统计分析到结果输出的基本流程。

A. 试验分析工作

B. 分析测试工作

C. 数据统计工作

D. 质量管理工作

138. Sample manager数据录入方式可分为按登录日期、检验类型和(B)录入。

A. 采样点

B. 项目

C. 操作者

D. 试验仪器

139. 自样品二审完成开始至三审完成，超过(B)天定义为审核超时。

A. 1

B. 2

C. 3

D. 4

中级工

基础知识

一、判断题（正确的画√，错误的画×）

1. 原子核都是由质子和中子构成的。（ × ）

2. 元素种类由质子数决定的，同位素的种类由核电荷数决定的。（ × ）

3. 相对原子质量就是一个原子的质量，它的单位是千克。（ × ）

4. 金属元素最外层电子数都少于4。（ √ ）

5. 化合反应指的是由两种或两种以上的物质反应生成一种新物质的反应，为氧化还原反应。（ × ）

6. 分解反应的反应物只有一种，生成物有2种或2种以上，通常需要提供一定的条件反应才能发生。（ √ ）

7. 置换反应是一种单质和一种化合物反应，生成另一种单质和另一种化合物，一定是氧化还原反应。（ √ ）

8. 同时有沉淀和气体生成的反应一定是复分解反应。（ × ）

9. 对于多元酸碱，最强的碱的常数对应着最弱的共轭酸的常数。（ √ ）

10. 含有相同官能团的化合物具有相类似的性质。（ √ ）

11. 准确度表示测量的正确性，其较现实的定义是：测定值与公认真实值相符合的程度。（ √ ）

12. 精密度是指在对多个量的多次测量中，各量测值之间的离散程度。（ √ ）

13. SH/T 0689—2000《轻质烃及发动机燃料和其他油品的总硫含量测定法（紫外荧光法）》测定中，每个样品重复测定两次，并计算平均响应值。（ × ）

14. 催化裂化装置的汽油产品烯烃含量都较高。（ √ ）

15. 微量法残炭测定中，取样和称量过程只能用镊子夹取样品管，以减少称量误差。（ √ ）

二、单项选择题

1. 元素的性质随着原子序数的递增呈现周期性变化的原因是(A)。

A. 元素原子的核外电子排布呈周期性变化

B. 元素原子的电子层数呈现周期性变化

C. 元素化合价呈周期性变化

D. 元素原子半径呈周期性变化

2. 下列属于物理变化的是(A)。

A. 潮解

B. 分解

C. 水解

D. 电解

3. 酸碱给出和获得质子能力的强弱，通常用酸碱在水溶液中的(B)的大小衡量。

A. 平衡常数

B. 离解常数

C. H^+浓度

D. OH^-浓度

4. 关于酸碱质子理论，以下表述正确的是(C)。

A. 酸

B. 碱

C. 既是酸又是碱

D. 既不是酸也不是碱

5. 与 C_4H_{10}是同系物的烃是(D)。

A. C_6H_{10}

B. C_6H_{12}

C. C_6H_6

D. C_6H_{14}

6. 下列各组物质中，互为同分异构体的是(B)。

A. 乙醇和乙醚

B. 1-丙醇和甲乙醚

C. 甲醇和乙醇

D. 甲醚和乙醚

7. 关于烷烃性质，下列表述不正确的是（ D ）。

A. 通常情况下烷烃化学性质很稳定

B. 通常情况下不与酸、碱反应

C. 通常情况下不与氧化剂发生反应

D. 通常情况下不易燃烧

8. 关于苯分子结构的特点，下列说法正确的是（ A ）。

A. 苯分子容易发生取代反应

B. 苯分子容易发生氧化反应

C. 苯分子容易发生加成反应

D. 苯分子容易发生聚合反应

9. 准确度与精密度的关系是（ B ）。

A. 精密度越高，准确度越高

B. 准确度高同时也具有较高的精密度

C. 准确度越差，精密度越差

D. 二者无直接关系

10. 一个分析工作者获得三个极相近的平行测定结果，可以得出下面的（ A ）结论。

A. 偶然误差很低

B. 系统误差很低

C. 所用试剂很纯

D. 平均值是正确的

11. 下列选项中，可引起随机误差的是（ D ）。

A. 试剂含有较多杂质

B. 仪器不准

C. 实验用水不合格

D. 温度波动

12. 绝对误差的计算公式为（ B ）。

A. E=测得值+真实值

B. E=测得值−真实值

C. E=测得值+平均值

D. E=测得值−平均值

13. 相对误差的计算公式是（ C ）。

A. E（%）= 真实值−绝对误差

B. E（%）= 绝对误差−真实值

C. E（%）=（绝对误差/真实值）×100%

D. E（%）=（真实值/绝对误差）×100%

14. 偏差大，表示测定结果的精密度（ B ）。

A. 高

B. 低

C. 准确

D. 不准确

15. 对于要求较高的分析时，经常采用（ B ）来衡量精密度。

A. 平均偏差

B. 标准偏差

C. 平均值的标准偏差

D. 总体平均值

16. 仪器的不确定度，是由所用的测量仪器或测量系统引起的测量不确定度的（ C ）。

A. 误差

B. 偏差

C. 分量

D. 标准偏差

17. 车用汽油的牌号是按照（ C ）划分的。

A. 闪点

B. 馏程

C. 辛烷值

D. 蒸气压

18. −10 号柴油冷滤点不高于（ A ）℃。

A. −5

B. −6

C. −8

D. −9

19. 原油的蒸馏过程是（ C ）过程。

A. 化学

B. 机械

C. 物理

D. 物理及化学

20. 加氢精制的新氢主要来自（ C ）。

A. 催化裂化装置

B. 催化重整装置

C. 制氢装置

D. 气体分馏装置

21. 辛烷值由高到低排列的顺序是（ D ）。

A. 催化汽油、MTBE、重整汽油、加氢汽油

B. MTBE、加氢汽油、重整汽油、催化汽油

C. 加氢汽油、重整汽油、催化汽油、MTBE

D. MTBE、重整汽油、催化汽油、加氢汽油

22. 天平、砝码的检定合格后除须给出（ B ）外，还应附有示值误差及修正值。

A. 检定合格证

B. 检定合格证书

C. 检定合格封印

D. 检定结果通知书

23. 计量检定工作必须按照“国家检定系统表”，遵照（ A ）进行。在具体执行中，强制检定遵循属地管理的原则，非强制检定遵循就地就近、经济合理的原则进行。

A. 计量检定规程

B. 检定程序

C. 计量行政主管部门文件

D. 计量法

24. 某厂有几个互相相关的分析室，它们对同一物质进行测量，但分析的数据差异较大，经检查计量器具合格，分析方法一致，产生数据差异较大的最重要原因是（ D ）。

A. 计量器具水平

B. 操作人水平

C. 环境条件

D. 用于统一量值的标准物质

25. 容积式流量计最大流量与最小流量的比值是（ C ）。

A. 大于 5

B. 小于 5

C. 不小于 5

D. 不大于 5

26. 电容器电容的国际单位是(C)。

A. 亨利（H）

B. 瓦特（W）

C. 法拉（F）

D. 安培（A）

27. 串联电路中，电阻值最大的电阻两端的电压(C)。

A. 等于电源电压

B. 小于其他电阻两端的电压

C. 大于其他电阻两端的电压

D. 不能确定

28. 在两端电压不变的情况下，把两个相同的电阻由串连改为并联，那么总的功率(D)。

A. 不发生变化

B. 减小一倍

C. 增加一倍

D. 增加 3 倍

29. 完整的避雷装置由(B)组成。

A. 避雷针、避雷带、避雷网

B. 接闪器、引下线、接地装置

C. 放电器、金属构件、接地体

D、避雷针，引下线、接地装置

30. 在蒸馏测定过程中，由于蒸馏烧瓶破裂，引起着火，最适当的处理方法是(C)。

A. 赶快拨打 119 火警电话

B. 用灭火器将火扑灭

C. 首先切断电源，然后用灭火毯将火源盖住

D. 往着火处喷水

31. W 是(C)的单位，称“瓦特”或“瓦”。

A. 电能

B. 电量

C. 电功率

D. 电流

32. 利用微库仑法测定氯含量完成后，电解池应用（ D ）冲洗浸泡。

A. 蒸馏水

B. 电解液

C. 自来水

D. 规定液体

33. 不是气相色谱法的特点的是（ A ）。

A. 适用性广

B. 分离效率高

C. 灵敏度高

D. 选择性好

34. 在常用的色谱定量方法中，对进样量要求严格的是（ C ）。

A. 归化法

B. 内标法

C. 外标法

D. 内加法

35. 测定运动黏度时，主要是测定在某一恒定的温度下，一定体积的液体在重力下流过一个标定好的玻璃毛细管黏度计的（ C ）。

A. 速度

B. 距离

C. 时间

D. 长度

36. 测定运动黏度时，应根据（ C ）选用适当的黏度计，务必使流动时间不少于 200s，内径为 0.4mm 的黏度计流动时间不少于 350s。

A. 试验温度

B. 油品性质

C. 油品性质和试验温度

D. 油品颜色的深浅

37. 残炭的大小可间接反映油中（ B ）的多少。

A. 轻质组分

B. 重质组分

C. 无机组分

D. 烷烃

38. 毛细管黏度计的检定周期为(C)。

A. 1 年

B. 6 个月

C. 2 年

D. 3 年

39. 灰分可以作为(A)。

A. 检查油品洗涤精制是否正常的指标

B. 检查油品蒸发性能的指标

C. 检查油品氧化安定性的指标

D. 检查油品抗爆性能的指标

40. 灰分测定的基本原理是将试油加热(B)，使其中的金属盐类分解或氧化为金属氧化物。

A. 烘干，最后强热加热

B. 燃烧，最后强热灼烧

C. 蒸发，最后强热燃烧

D. 蒸发，最后强热灼烧

41. 试验测定灰分时所用坩埚应用(A)进行浸泡煮沸。

A. 盐酸（1∶4）

B. 盐酸（4∶1）

C. 硝酸（1∶4）

D. 硝酸（4∶1）

42. 当燃料中含有 0.001%的硫醇，只要有(A)的元素硫，就会在铜片上出现腐蚀。

A. 0.001%

B. 0.002%

C. 0.003%

D. 0.004%

43. 各种金属有机化合物抗爆剂虽然效率高，但是有一共同的缺点(C)。

A. 室温下能溶于汽油不溶于水

B. 在空气和光的作用下分解

C. 金属氧化物系固体，不易排出汽缸

D. 性质稳定

44. SH/T 0712—2002《汽油中铁含量测定法（原子吸收光谱法）》规定，汽油试样用（ A ）处理，用氯化钾基三辛基铵-甲基异丁基酮溶液稀释后，用火焰原子吸收光谱仪在 248.3nm 处测定试样中的铁含量。

A. 碘-甲苯

B. 碘溶液

C. 碘-四氯化碳

D. 碘-二甲苯

45. 能量色散 X 射线荧光光谱法测定硫含量中使用的样品盒要确保装样的最小深度为（ B ）。

A. 2mm

B. 4mm

C. 5mm

D. 10mm

46. U 形振动管法测密度，含蜡馏分在混合之前，把试样加热到其浊点以上（ A ）。

A. 3℃

B. 5℃

C. 10℃

D. 20℃

47. 变性燃料乙醇水含量测定中，甲醇中水含量大于 0.05%（质量分数）时，应在 500mL 甲醇中加入 5Å 分子筛（ D ），塞上瓶塞，放置过夜，吸取上层清液使用。

A. 5g

B. 10g

C. 25g

D. 50g

48. 变性燃料乙醇酸度测定根据酸碱中和反应原理，以酚酞作指示剂，用氢氧化钠标准滴定溶液滴定试样至呈微红色，并保持（ D ）不消褪，即为终点。

A. 1min

B. 3min

C. 10s

D. 30s

49. 对润滑油产品而言，微量水的存在将导致设备过早的腐蚀和磨损，由此增多的磨屑会导致润滑效果（ A ）和过滤器的过早堵塞。

A. 下降

B. 提高

C. 下降或提高

D. 无影响

50. 灰分测定时，必须控制好加热强度，维持火焰高度在（ A ）左右，以防止试油飞溅以及过高的火焰带走灰分微粒。

A. 10cm

B. 15cm

C. 20cm

D. 30cm

51. 使用原子吸收仪器时，阀门的开关原则是：点燃时，（ A ）；熄灭时，先关燃气，后关助燃气。

A. 先开助燃气，后开燃气

B. 先开燃气，后开助燃气

C. 只开助燃气

D. 只开燃气

52. 以下是脂肪酸单酯类物质的定量特征谱带的是（ B ）cm^{-1}。

A. 1320

B. 1743

C. 1760

D. 3390

53. 根据火焰温度和气氛，可分为贫燃火焰，化学计量火焰、发亮性火焰和富燃火焰四种类型。通常燃助比（空气/乙炔）在（ C ）以上，火焰处于贫燃状态。

A. 1：4

B. 1：5

C. 1：6

D. 1：7

54. 使用原子吸收分光光度计测定时，如果数据漂移或吸收灵敏度减小，有可能是（ B ）而引起的。

A. 聚乙烯管损坏或松了

B. 雾化器毛细管堵塞

C. 燃烧头被污染物附着

D. 雾化器被污染物附着

55. 原子吸收测定时，测定数据的重现性和吸收灵敏度变差的原因可能是（ D ）。

A. 聚乙烯管损坏或松了

B. 雾化器毛细管堵塞

C. 原子化器位置不对

D. 燃烧头被污染物附着

56. 傅里叶变换红外光谱仪加电后至少要等待（ B ）分钟，等电子部分和光源稳定后，才能进行测量。

A. 30

B. 15

C. 10

D. 5

57. 用新鲜的铬酸洗液浸泡整个滴定池（ D ）min，然后分别用自来水、去离子水洗净吹干，将侧臂活塞涂以少许润滑脂并用橡皮筋固定。

A. 1~2

B. 3~4

C. 4~5

D. 5~10

58. 测量完毕，关闭电源，冲洗电极，玻璃电极要（ B ）。

A. 浸泡在缓冲溶液中

B. 浸泡在蒸馏水中

C. 浸泡在待测溶液中

D. 暴露在空气中

59. 紫外荧光法测定硫含量时，基线偏离零点的主要原因不包括（ D ）。

A. 未调节零点

B. 气源、气路管线或反应室受到污染

C. 漏光

D. 气体流量太小

60. 偏压过高，降偏压时要先将仪器的采样电阻调小，然后每次适当降（ A ）mV，不可一次降得太多。

A. 1～5

B. 5～10

C. 1～10

D. 1～2

三、多项选择题

1. 下列各组物质中，能用高锰酸钾鉴别的是（ BC ）。

A. 乙烯和丙烯

B. 丙烷和丙烯

C. 环丙烷和丙烯

D. 甲烷和丁烷

2. 在室温下，下列物质能分别与硝酸银的氨溶液作用，能立即产生白色沉淀的物质是（ BD ）

A. 氯化苄

B. 苯乙炔

C. 1，3-戊二烯

D. 1，3-戊二炔

3. 系统误差的性质是（ BD ）。

A. 随机产生

B. 具有单向性

C. 呈正态分布

D. 影响分析结果的准确度

4. 消除或减免系统误差的方法有（ AB ）。

A. 校准仪器误差

B. 进行空白试验

C. 增加测定次数

D. 遵守操作规程

5. 关于偶然误差，下列说法正确的是（ ACD ）。

A. 一个样品进行平行测定，结果很接近，说明偶然误差小

B. 为了减小偶然误差，测定次数越多越好

C. 增加平行测定次数可减小过程中的偶然误差

D. 偶然误差决定分析结果的精密度

6. 汽油清净剂的主要作用是（ ABC ）。

A. 清洗

B. 抗氧化

C. 防锈

D. 减少爆震

7. 柴油降凝剂可影响（ ABD ）。

A. 浊点

B. 凝点

C. 爆震点

D. 冷滤点

8. 关于减压蒸馏，下列表述错误的是（ AD ）。

A. 降低压力，可提高沸点

B. 减压蒸馏的目的为了提高原油的拔出深度

C. 一般将常压蒸馏塔底产品（常压渣油）进行减压蒸馏，以蒸出沸点范围在350~520℃的馏分

D. 提高轻油和重油的收率

9. 计量标准器具的使用必须具备(ABCD)条件。

A. 经计量检定合格

B. 具有正常工作和需要的环境条件

C. 具有称职的保存、维护、使用人员

D. 具有完善的管理制度

10. 关于电感，下列表述正确的是(ACD)。

A. 感抗只有在正弦交流电路中才有意义

B. 感抗等于电感元件两端任一时刻的电压与电流的商

C. 电感元件接收的平均功率为零

D. 日光灯的镇流器主要就是一个电感

11. 如果发现有人触电了，应(BCD)。

A. 迅速用手拉触，使他离开电线

B. 用干燥的木棒将人和电源分开

C. 迅速拉开电闸，切断电源

D. 将触电人转移到空气流通的地方

12. 影响滤毒罐防毒能力的因素有(ABCD)。

A. 有毒气体的化学性质

B. 有毒气体的浓度

C. 湿度及温度

D. 呼吸量

13. 实验过程中发生烧（灼）伤，下列正确的处理方法是（ ABD ）。

A. 浅表的小面积灼伤，以冷水冲洗 15~30min 至散热止痛

B. 以生理食盐水擦拭

C. 若有水泡可自行刺破

D. 大面积烧伤，应紧急送往医院

14. 用已知 pH 值的缓冲溶液进行电位校正的原因是（ AC ）。

A. 电极存在不对称电位

B. 温度影响

C. 电极老化

D. 测定结果准确

15. 对微库仑仪滴定池的维护工作包括（ ABC ）。

A. 滴定池的清洗

B. 电极的清洗

C. 滴定池的保存

D. 操作滴定池

16. 采用面积归一化法处理色谱分析结果，应满足以下（ ABC ）条件。

A. 所有组分均出峰

B. 各组分间的相对校正因子接近于 1

C. 所有组分的浓度都在检测器的线性范围之内

D. 所有组分的校正因子都已经知道

17. 对于柴油来说，黏度过大，则会导致（ BCD ）。

A. 喷油嘴喷出的油滴颗粒小

B. 雾化状态不好

C. 与空气混合不均匀

D. 燃烧不完全

18. 燃料中的硫及含硫化合物燃烧后最终转化成（ AB ），排放到大气中致使大气受到污染，是形成大气酸雨的主要成分。

A. SO_2

B. SO_3

C. H_2S

D. H_2SO_4

19. 变性燃料乙醇 pHe 的测定中所使用的标准缓冲溶液为(AC)。

A. pH＝4.00 的标准缓冲溶液

B. pH＝4.50 的标准缓冲溶液

C. pH＝6.86 的标准缓冲溶液

D. pH＝7.00 的标准缓冲溶液

20. 影响油品黏度的因素包括(AD)。

A. 化学组成

B. 压力

C. 湿度

D. 温度

21. 关于康氏残炭测定法，下列说法正确的是(AB)。

A. 油蒸气燃烧阶段应控制在 12～14min

B. 总加热时间，包括预点火和燃烧阶段在内，应控制在 28～32min

C. 盛有试样的瓷坩埚放入内铁坩埚的中央

D. 瓷坩埚移入干燥器内冷却 30min 或称重

22. 关于微量残炭测定法，下列说法正确的是(ABC)。

A. 在炉温低于 100℃时，以流速 600mL/min 的氮气流至少吹扫 10min

B. 称量洁净的样品管，并记录其质量

C. 加热炉在 500℃±2℃时恒温 15min

D. 当炉温降到低于 300℃时，把样品管支架取出，并将其放入干燥器中冷却

23. 对于微量法测定残炭，下列说法错误的是(AC)。

A. 对同一样品，随着氮气流量的增大，样品的残炭值增大

B. 测定样品的残炭时要严格控制氮气流量，其最佳值为 150mL/min

C. 有的样品在取样多时残炭值偏小，是因为一些较重、黏稠的样品的残炭值较小，如果取样量过多，会在试验中溅出样品管外或被试验中的氮气流带出管外而使结果偏小

D. 有的样品取样量少时残炭值偏小，是因为一些较轻的样品残炭值较小，取样量少无法测出试样中真正的残炭值

24. 变性燃料乙醇中水含量测定的操作步骤可分为(ABC)。

A. 调试仪器

B. 标定卡尔·费休试剂

C. 测定

D. 计算

25. 微量残炭试验仪使用频率较高时，须随时保养清洁，试验中如果发生（ BCD ），应迅速保养和清洁。

A. 残炭结果偏大

B. 加热炉密封部有烟泄漏

C. 残液滞留在排液管内

D. 加热炉密封部周围沾有试样的凝缩液

26. GB/T 268—1987《石油产品残炭测定法（康氏法）》中，含水的试样应先（ BD ），再进行摇匀。

A. 干燥

B. 脱水

C. 混合均匀

D. 过滤

27. 紫外荧光法测定硫含量时，有(CD)可供选择。

A. 间接进样技术

B. 自动进样技术

C. 直接进样技术

D. 舟进样技术

28. 卡尔·费休库仑滴定法测定水含量可选用(ABC)进行滴定。

A. 质量直接滴定法

B. 体积直接滴定法

C. 水分蒸发器间接滴定法

D. 质量或水分间接滴定法

相 关 知 识

一、判断题（正确的画✓，错误的画×）

1. EDTA 在水中的溶解度很小。（ ✓ ）

2. 用酸度提高配位滴定的选择性时，酸度的选择原则一般是：被测离子的最小允许 pH 值<pH 值<干扰离子的最小允许 pH 值。（ ✓ ）

3. 热导池检测器用氢气作载气有时会出反峰。（ × ）

4. 热导池检测器结构简单，灵敏度适宜，是一种高选择性的检测器。（ × ）

5. 原子吸收光谱法是基于气态的基态原子外层电子对紫外光和可见光范围的相对应原子共振辐射线的吸收强度来定量被测元素含量为基础的分析方法。（ ✓ ）

6. 非常规添加物的使用会对驾驶者的身体健康、汽车的安全运行或汽车尾气中污染物的排放带来不确定的影响。（ ✓ ）

7. 用卡尔·费休法测定水含量，应密封各个接口和连接处，防止空气中的湿气进入仪器。（ ✓ ）

8. 当样品中乙酸仲丁酯与胺类或醇类化合物共存时，对乙酸仲丁酯的测定不会造成影响。（ × ）

9. 运动黏度测定结果的数值，要求保留 3 位有效数字。（ × ）

10. 变性燃料乙醇中水含量两次测定结果为 15.41mg/L、10.25mg/L，则最后结果为 12.83mg/L。（ × ）

11. SH/T 0689—2000《轻质烃及发动机燃料和其他油品的总硫含量测定法（紫外荧光法）》测定中，每个样品重复测定两次，并计算平均响应值。（ × ）

12. 使用注射器将样品注入 U 形振动管密度测定仪的测量槽时要仔细观察，不能存在气泡。（ ✓ ）

13. 水的电导率反映水中存在的电解质的总含量的大小，测定电导率可以监测水质纯度。（ ✓ ）

二、单项选择题

1. 以下除汞方法中，对精密仪器有损害的是(　C　)。

A. 洒硫磺

B. 紫外灯照射

C. 薰碘法

D. 洒多硫化钙

2. 下列选项中，不需校准的是(　D　)。

A. 容量瓶

B. 滴定管

C. 吸量管

D. 烧杯

3. 实验室日常大量使用一次蒸馏水，一次蒸馏水能作(　A　)用。

A. 一般的分析

B. 特殊分析

C. 适合于所有的分析

D. 微量分析

4. 一级水应用于(　A　)。

A. 有严格要求的分析实验

B. 无机痕量分析等试验

C. 一般化学分析试验

D. 任何一种试验都可用

5. 滴定用的配位剂可分为(　B　)配位剂和(　B　)配位剂。

A. 高，低

B. 无机，有机

C. 固体，液体

D. 轻质，重质

6. 共用电子对一般由彼此结合的两个原子共同提供，如果共用电子对由某一个原子单独提供，进入与之结合的原子的空轨道成键，则这类共价键就称作(　C　)。

A. 离子键

B. 化学键

C. 配位键

D. 金属键

7. 1：n 型配合物总稳定常数与（ D ）互为倒数关系。

A. 第一级不稳定常数

B. 第二级稳定常数

C. 第 $n-1$ 级不稳定常数

D. 总不稳定常数

8. 下列因素中，与电极电位无关的是（ D ）。

A. 浓度

B. 温度

C. 气压

D. 摩尔质量

9. 衡量氧化还原反应完成的程度用（ C ）。

A. 电极电位

B. 能斯特方程式

C. 平衡常数

D. 滴定突跃

10. 升高温度，可提高反应速度，通常溶液的温度每增高（ B ）℃，反应速度约增大 2~3 倍。

A. 5

B. 10

C. 15

D. 20

11. 在一定温度下，难溶化合物在其饱和溶液中，各离子浓度的乘积是一常数，称为（ B ）。

A. 稳定常数

B. 溶度积常数

C. 电离常数

D. 平衡常数

12. 为了减少称量误差，提高分析的准确度，重量分析对称量物的要求为（ D ）。

A. 化学组成固定

B. 沉淀纯度要高

C. 性质稳定

D. 摩尔质量要大

13. 直接滴定法是用标准溶液(A)滴定被测组分。

A. 直接

B. 间接

C. 置换

D. 取代

14. 间接滴定法适用于(A)物质的测定。

A. 与标准溶液不能直接反应的物质的测定

B. 反应物为固体

C. 能发生置换反应

D. 能发生取代反应

15. 用返滴定法进行滴定的原因之一是(B)。

A. 反应不能进行

B. 反应物是固体

C. 反应是在高温高压下进行

D. 反应有沉淀物生成

16. 用于直接配制法配制标准溶液的基准试剂，应满足的条件是(C)。

A. 试剂的实际组成与化学式完全符合

B. 试剂在水溶液中可以发生反应

C. 试剂组成中不含结晶水

D. 试剂不溶于水

17. 缓冲溶液的配制计算是根据(D)进行计算的。

A. 缓冲溶液的浓度

B. 缓冲溶液的组成

C. 缓冲溶液的缓冲容量

D. 缓冲溶液 pH 值的计算公式

18. 指示剂的选择决定于测定物的滴定曲线，一般选择原则是指示剂在(D)范围内变色。

A. 所在

B. 适当

C. 一定 pH 值

D. 突跃

19. 标定 HCl 用基准物质 $Na_2B_4O_7 \cdot 10H_2O$，因保存不当风化而失水，标出的

HCl 浓度(B)。

A. 偏高

B. 偏低

C. 准确

D. 不一定

20. 由于 NaOH (C)，因此 NaOH 标准溶液必须采用间接配制法。

A. 易发生分解

B. 易被氧化

C. 易吸收空气中的 H_2O 和 CO_2

D. 易被还原

21. 对 EDTA 标定时的条件应尽可能与(A)时的相同，以减少误差。

A. 测定

B. 配制

C. 称量

D. 贮存

22. 在质量分析法中(A)是最常用和最重要的分析方法。

A. 沉淀法

B. 气化法

C. 电解法

D. 计算法

23. 关于沉淀剂，以下说法错误的是(B)。

A. 沉淀剂具有较好的选择性

B. 沉淀剂不具有挥发性

C. 沉淀剂本身有较大溶解度

D. 对沉淀的溶解度较小

24. 在一定温度下，如果在饱和 $BaSO_4$ 溶液中加入 $BaCl_2$，此时 $BaSO_4$ 的溶度积常数(C)。

A. 增大

B. 减小

C. 不变

D. 无规律

25. 在强酸滴定强碱过程中，溶液 pH 值随滴定剂的加入而(C)。

A. 无一定规律变化

B. 保持不变

C. 变小

D. 变大

26. 某溶液吸收绿色光，溶液本身的颜色应该是(C)。

A. 蓝色

B. 红色

C. 紫色

D. 绿色

27. 下列叙述正确的是(C)。

A. 狭缝宽度增大会提高仪器的灵敏度

B. 应选择不减少吸光度时的最小狭缝宽度

C. 增加狭缝宽度会缩小工作曲线的线性范围

D. 定量分析中，狭缝宽度对测定的灵敏度无影响

28. 下列选项中，造成朗伯-比尔定律偏离的化学因素的是(D)。

A. 非单色光

B. 杂散光

C. 入射光不垂直

D. 溶液的浓度大

29. 标准曲线回归方程的相关系数(A)为合格，分光光度法截距一般应(B)，否则要进一步做截距显著性检验。

A. ≥0.999

B. ≤0.005

C. ≥0.99

D. ≤0.5

30. 标准对照法工作曲线(B)。

A. 是曲线

B. 过原点

C. 不过原点

D. 是抛物线

31. 基于吸光度的(C)，可用适当的参比溶液排除干扰。

A. 不变性

B. 递减性

C. 加和性

D. 选择性

32. 光度分析法的理论基础是物质对光的(C)。

A. 反光性

B. 反射性

C. 选择性吸收

D. 折光性

33. 在分光光度计的检测系统中，以光电管代替硒光电池，可以提高测量的(A)。

A. 灵敏度

B. 准确度

C. 精密度

D. 重视性

34. 分光光度计可以调零但不能调节 100%最能引起该故障的元件是(D)。

A. 光源灯

B. 滤光片

C. 单色器

D. 光电管

35. 电位分析法是以测量电解池(B)为基础的一种电化学分析方法。

A. 电量

B. 电位

C. 电导

D. 电流

36. 下列说法中，属于对电位滴定法的错误理解的是(C)。

A. 以电位变化确定滴定终点

B. 是一种容量分析法

C. 得到的是物质游离的量

D. 得到的是物质的总量

37. 下列因素，对 pH 值测定没有影响的是(C)。

A. 温度

B. 溶液的 pH 值

C. 不对称电位

D. 钠离子

38. pH 计使用过程中，如果采用逐次逼近法校正电极系数，则调节电极系数校正器时仪器显示值为(D)。

A. 零点

B. 第一种标液的实际 pH 值

C. pH 差值

D. 第二种标液的实际 pH 值

39. 电导率测定中，电极选用铂黑电极的目的是减小(B)。

A. 电导池电容

B. 电极极化

C. 温度影响

D. 浓度影响

40. 用微库仑法测定油品中硫含量，如果两次平行测定结果为 58.6×10^{-6}、62.8×10^{-6}，方法要求误差为≤5%，则最终测定结果应表示为(D)。

A. 58.6×10^{-6}

B. 60.7×10^{-6}

C. 62.8×10^{-6}

D. 超差

41. 测定水分用的库仑滴定池在长期不用时，干燥管(D)。

A. 应取下，与滴定池在阴暗处保存

B. 不应取下，与滴定池在阴暗处保存

C. 应取下，与滴定池干燥保存

D. 不应取下，与滴定池干燥保存

42. 样品在气相色谱仪中的流动过程是(C)。

A. 检测器→色谱柱→气化室

B. 色谱柱→气化室→检测器

C. 气化室→色谱柱→检测器

D. 气化室→检测器→色谱柱

43. 气相色谱分析中，色谱图中基线在一段较长时间内的变化称为(C)。

A. 基线

B. 噪声

C. 漂移

D. 灵敏度

44. 使用非极性色谱柱分析样品，先出峰的组分是(A)。

A. 沸点低的组分

B. 极性大的组分

C. 极性小的组分

D. 沸点高的组分

45. 色谱分析中，各组分的分配系数相差越(A)，则它们越(A)分离。

A. 小，难

B. 大，难

C. 小，易

D. 大，易

46. 在色谱分析法中，用保留值定性的依据是：在一定的固定相和一定的操作条件下，任何一种物质都有一确定的(A)。

A. 保留值

B. 峰高

C. 峰面积

D. 峰宽

47. 对于气相色谱仪，柱温(C)，柱效率(C)。

A. 升高，升高

B. 降低，降低

C. 升高，降低

D. 降低，升高

48. 热导池检测器的灵敏度与通过的电流（桥流）有关，桥流越大，灵敏度(A)。

A. 越高

B. 无影响

C. 不确定

D. 越低

49. 当载气（N_2）和氢气的流量设定到合适值后，从最小的空气流量逐渐增加，FID 的响应值的变化趋势是(A)。

A. 先增大，然后基本不变

B. 逐渐增大

C. 逐渐减小

D. 先增大，后减小

50. 测定 FID 空气流速的最佳位置是(A)。

A. 压力或流量控制阀的出口

B. 进样口与色谱柱的接口处

C. 色谱柱与检测器的接口处

D. 检测器后

51. 分流不分流进样口不分流进样方式、分流不分流进样口分流进样方式、普通进样口都有玻璃衬管，这三种衬管（ A ）。

A. 结构都不相同

B. 仅前两种相同

C. 仅第一种和第三种相同

D. 仅后两种相同

52. 为防止检测器被污染，FID 检测器温度设置应（ B ）色谱柱实际工作的最高温度。

A. 等于

B. 不低于

C. 低于

D. 无关系

53. 柴油的馏分越轻，精制得越好，其残炭值就（ B ）。

A. 越大

B. 越小

C. 没有影响

D. 不固定

54. 碳酸二甲酯在（ B ）的 C—O 吸收特征会影响苯胺类化合物（ B ）处的 C—N 吸收谱带的识别。

A. $1276cm^{-1}$、$1280cm^{-1}$

B. $1280cm^{-1}$、$1276cm^{-1}$

C. $1243cm^{-1}$、$1276cm^{-1}$

D. $1276cm^{-1}$、$1243cm^{-1}$

55. U 形振动管法测密度试样用量较小，一般为（ A ）。

A. 少于 1mL

B. 少于 2mL

C. 少于 5mL

D. 少于 10mL

56. 活化复合电极，是保证测定准确性的一个必要步骤，因此应在每测定一个试样后，都要将电极浸入 pH 为（ C ）的标准缓冲溶液中，准备测定下一个试样。

A. 6

B. 6. 5

C. 7

D. 7. 5

57. 将一定量的试样加入卡尔·费休库伦仪的滴定池中，滴定池阳极生成的碘与试样中的水根据反应的化学计量学，按（ A ）比例发生卡尔·费休反应。

A. 1∶1

B. 1∶2

C. 2∶1

D. 1∶3

58. 紫外荧光法测定硫含量时的炉温要控制在（ D ）。

A. 1000℃±25℃

B. 1000℃±50℃

C. 1100℃±50℃

D. 1100℃±25℃

59. 在石油产品运动黏度测定中，装好试样的毛细管黏度计浸在恒温水浴内，试验温度必须保持恒定，波动不超过（ C ）。

A. ±0. 5℃

B. ±0. 2℃

C. ±0. 1℃

D. ±0. 01℃

60. 试样中不能有气泡，气泡会影响黏度计的装样体积，毛细管内的气泡会增大液体的流动阻力，（ B ）流动时间。

A. 减少

B. 增加

C. 不能确定

D. 无影响

61. 康氏法残炭测定中，（ C ）的控制十分重要，是测定操作中的关键。

A. 加热强度

B. 加热时间

C. 加热强度和加热时间

D. 环境温度

62. 电位滴定测定硫醇硫时，通常汽油中含相对分子质量低的硫醇，应采用(　B　)滴定溶剂。

A. 酸性

B. 碱性

C. 酸性或碱性

D. 中性

63. 在预先干燥的电解池阳极室放入搅拌棒，再分别在阳极室加入(　C　)，阴极室加入(　C　)电解液。

A. 50mL、2mL

B. 50mL、5mL

C. 70mL、2mL

D. 70mL、5mL

64. U形振动管法测定黏稠液体的密度时，即使有空气或气泡存在，有时也会得到一稳定读数。对于这些液体，应(　C　)。

A. 加热试样，使气泡消失

B. 重新进样

C. 对试样管稍加压力，并重测密度

D. 重新标定密度计

65. 变性燃料乙醇中水含量测定，根据试样中水分含量的大小，准确取样，如水分含量在0.2%（质量分数）左右时，可取样(　B　)。

A. 10mL

B. 5mL

C. 2mL

D. 1mL

66. 变性燃料乙醇酸度测定时使用的氢氧化钠标准滴定溶液浓度为(　D　)。

A. 0.5mol/L

B. 0.2mol/L

C. 0.1mol/L

D. 0.05mol/L

67. 计量器具、仪器设备到期检定提醒设置的天数为提前(　C　)天提醒。

A. 15

B. 20

C. 30

D. 45

68. LIMS 系统分为四个层级，分别为总部级、省级、地市级和(　D　)。

A. 大区级

B. 片区级

C. 加油站级

D. 油库质检级

69. 分析任务下达属于(　A　)功能模块。

A. WEB 应用系统

B. 辅助分析管理

C. 分析业务流程

D. 系统集成

70. 任务下达时，产品栏无数据，需要通过(　B　)来设置(　D　)。

A. 产品标准

B. 质检室配置

C. 测试表

D. 产品与测试表

71. 卡尔·费休库仑滴定法测水含量时，如果滴定池被样品污染，不应使用（B）清洗。

A. 乙醇

B. 丙酮

C. 甲苯

D. 二甲苯

72. SH/T 0689—2000《轻质烃及发动机燃料和其他油品的总硫含量测定法（紫外荧光法）》中，要求所有的气源（载气和氧气）都应通过洁净干燥的(　C　)管线来输送。

A. 铜

B. 不锈钢

C. 铜或不锈钢

D. 橡胶

73. 微量法残炭的结果报告精确至(　C　)。

A. 1%

B. 0.1%

C. 0. 01%

D. 0. 001%

74. 同一操作者测得的灰分结果在 0. 001%以下的，要求两次结果之差（重复性）不应超过（ A ）。

A. 0. 002

B. 0. 003

C. 0. 005

D. 0. 007

75. 原子吸收光谱法测定汽油中金属元素结果报出精确至（ A ）。

A. 0. 1mg/L

B. 1mg/L

C. 0. 1g/L

D. 1g/L

76. 以下是脂肪酸单酯类物质的定性识别谱带及位移范围的是（ B ）cm^{-1}。

A. 1141±4

B. 1243±4

C. 1281±4

D. 1319±4

77. 车用汽油中典型非常规添加物的测定结果报告精确至（ C ）。

A. 0. 1mg/L

B. 1mg/L

C. 0. 1g/L

D. 1g/L

78. 电量法测定石油产品中水含量结果为 90ppm，则重复性要求为（ C ）。

A. 3. 5ppm

B. 4. 0ppm

C. 4. 5ppm

D. 5. 0ppm

79. U 形振动管法测透明的中间馏分密度结果的重复性不大于（ A ）kg/m^3。

A. 0. 2

B. 0. 4

C. 0. 5

D. 1. 5

80. 变性燃料乙醇中水含量测定结果精确至(D)。

A. 0. 1%（质量分数）

B. 0. 01%（质量分数）

C. 0. 1%（体积分数）

D. 0. 01%（体积分数）

81. 变性燃料乙醇 pHe 测定结果精确至(A)。

A. 0. 1pHe

B. 0. 01pHe

C. 1pHe

D. 0. 001pHe

82. 卡尔·费休库伦滴定法结果报告试样中水含量，精确到(B)或 0. 01%（质量分数）。

A. 0. 1mg/kg

B. 1mg/kg

C. 0. 1g/kg

D. 1g/kg

三、多项选择题

1. 实验室“三废”指的是(ABC)。

A. 废液

B. 废气

C. 固体废物

D. 废设备

2. 选择缓冲溶液时，应使其(BCD)。

A. 酸性或碱性不能太强

B. 所控制的 pH 值在缓冲范围之内

C. 有足够的缓冲容量

D. 对分析过程无干扰

3. 滴定分析对所用基准试剂的要求是(ABC)。

A. 在一般条件下性质稳定

B. 主体成分含量为 99. 95%~100. 05%

C. 实际组成与化学式相符

D. 杂质含量≤0. 5%

4. 标准滴定溶液是指(AD)。

A. 确定了准确浓度的溶液

B. 准确地确定了溶液中所含元素、离子、化合物浓度的溶液

C. 用于测定杂质含量的溶液

D. 用于滴定分析的溶液

5. 关于 EDTA 的二钠盐，以下说法错误的是(ACD)。

A. 稳定性好

B. 溶解度大

C. 容易提纯

D. 价格低廉

6. 有关条件电极电位，下列表述正确的是(ABD)。

A. 是在特定条件下的电位，即氧化型和还原型总浓度均为 1mol/L

B. 校正了各种外界因素后的实际电极电位

C. 可以通过能斯特方程式计算出来

D. 在条件不变时为一常数

7. 称量分析对沉淀形式的要求包括(BD)。

A. 组成必须与化学式相符

B. 溶解度必须很小

C. 有足够的稳定性

D. 易转化为称量形式

8. 以双指示剂法测定烧碱中 NaOH 与 Na_2CO_3 含量时，下列叙述正确的是(ACD)。

A. 析出试液后应立即滴定

B. 析出试液后不必立即滴定

C. 以酚酞为指示剂滴定时，滴定速度不要太快

D. 以酚酞为指示剂滴定时，应不断摇动

9. 关于强酸强碱滴定可行性的判断，下列说法正确的是(ABC)。

A. 所有强酸强碱均能准确滴定

B. 化学计量点的 pH 值均为 7.00

C. 浓度不同突跃大小不同，可选用的指示剂多少也不同

D. 酸碱浓度越大，滴定突跃越小，可选的指示剂越少

10. 计算一元弱酸溶液 H^+浓度，何时用近似式，何时用最简式，决定于结果准确度的要求，与(ABC)有关。

A. 计算的相对误差

B. 弱酸的浓度

C. 离解常数

D. 强度

11. 关于沉淀转化，下列说法正确的有（ ABD ）。

A. 沉淀转化的条件决定于两种沉淀的 K_{SP} 比值

B. 两种沉淀的 K_{SP} 比值越小，沉淀转化就容易

C. 两种沉淀的 K_{SP} 比值越小，沉淀转化就困难

D. 沉淀转化作用是基于溶度积原理

12. 关于等物质的量定律，下列表述正确的是（ ABD ）。

A. 在化学反应中，各反应物和各生成物均以化学式及其化学计量数为基本单元时，则各反应物消耗的物质的量等于各生成物的物质的量

B. 在化学反应中，各反应物和各生成物均以最小反应单元为基本单元时，则各反应物消耗的物质的量等于各生成物的物质的量

C. 基本单元是固定值

D. 直接确定基本单元的方法是根据物质本身在反应前后得失质子或电子来确定

13. 缓冲溶液的 pH 值决定于（ BC ）。

A. 此缓冲溶液的缓冲容量

B. 组成此缓冲溶液的弱酸或弱碱的 K_a 或 K_b

C. 共轭酸碱对的浓度比值的大小

D. 此缓冲溶液的缓冲范围

14. 某物质的摩尔吸光系数很大，则表明（ CD ）。

A. 该物质的溶液的浓度很大

B. 光通过该物质溶液的光程长

C. 该物质对某波长的光吸收能力很强

D. 测定该物质的灵敏度高

15. 在分光光度法中，参比溶液的作用包括（ AB ）。

A. 消除吸收池壁对光的影响

B. 提高准确度

C. 便于计算吸光度

D. 提高检测器的灵敏度

16. 分光光度法中，选择显色反应时，应考虑的因素有（ ABCD ）。

A. 显色反应的选择性要好

B. 显色反应的灵敏度要高

C. 显色剂与有色化合物之间的颜色差别要大

D. 反应生成的有色化合物组成要恒定

17. 标准对照法的条件是(ACD)。

A. 工作曲线过原点

B. 工作曲线不过原点

C. 标准样品和待测样品浓度应接近

D. 标准样品和待测样品测定条件相同

18. 关于死停终点法中所用的电极，下列正确的说法是(AC)。

A. 两支电极相同

B. 两支电极不同

C. 是铂电极

D. 是银电极

19. 下列因素中，对电导率测定有影响的是(ABCD)。

A. 溶剂的性质

B. 溶液的浓度

C. 电极的极化

D. 电导池存在电容

20. 应用卡尔·费休法测定样品的水分时，需要注意的测定技术要素包括(ABCD)。

A. 试剂标定

B. 搅拌速度

C. 取样量

D. 终点等待时间

21. 库仑分析过程中的技术要素包括(ABCD)。

A. 滴定池处理

B. 气体流速调节

C. 偏压调节

D. 采样电阻调节

22. 利用卡尔·费休法测定水分时，数据处理过程包括(ABCD)。

A. 数据计算

B. 数据取舍

C. 有效数字保留

D. 最终结果报出

23. 湿度对水分测定结果有影响，下列测定注意事项属于防止湿度对测定结果影响的是（ AC ）。

A. 保证密封性

B. 避免阳光直接照射

C. 更换干燥硅胶

D. 更换电极

24. 下列库仑水分测定仪的仪器维护项目中，属于增加滴定池密封性的是（ ABD ）。

A. 更换进样垫

B. 排泄嘴紧固

C. 电极接口紧固

D. 干燥管连接紧固

25. X 射线荧光光谱仪主要包括（ ABD ）。

A. X 射线管

B. 分光系统

C. 样品制备系统

D. 检测系统

26. 电量法测定水含量中使用的电解液为（ BCD ）。

A. 甲苯

B. 三氯甲烷

C. 甲醇

D. 卡氏试剂

27. 用于消耗电解液中带入水分的浓卡氏试剂不得超过 20mL，否则需重新选择（ AD ）配制电解液。

A. 含水较少的试剂

B. 甲醇

C. 三氯甲烷

D. 浓卡氏试剂

28. 无吡啶的卡尔·费休试剂由（ ABCD ）组成。

A. 碘

B. 二氧化硫

C. 甲醇

D. 有机碱（如：咪唑）

29. SH/T 0689 适用于测定（ AC ）的液态烃中的总硫含量。

A. 沸点范围为 25～400℃

B. 沸点范围为 40～300℃

C. 室温下黏度范围为 0.2～10mm^2/s

D. 室温下黏度范围为 1～10mm^2/s

30. 测定铅（锰、铁）时，下列说法正确的是（ ABCD ）。

A. 配制溶液的容量瓶、移液管都要经过检定

B. 配制溶液时的温度与进行试验时的温度应尽量保持一致

C. 测定时，应保证绘制的工作曲线的良好线性

D. 原子吸收分光光度计需要定期核查

31. 一般情况下，70mL 电解液可与 0.5～0.8g 水反应。但是在使用过程中往往由于加入大量分析试样而使电解液稀释，造成（ ABD ）。

A. 电解液导电性能下降

B. 电解效率降低

C. 测定结果逐渐降低

D. 误差增大

32. U 形振动管法测密度，以下情况中，密度计需标定的是（ ABCD ）。

A. 首次安装

B. 试验温度改变

C. 维修

D. 系统受干扰

33. 变性燃料乙醇中 pHe 测定的操作步骤可分为（ ABC ）。

A. 电极的准备

B. 校正

C. 测定

D. 计算

高级工

基 础 知 识

一、判断题（正确的画✓，错误的画×）

1. 使用轻载气有利于提高分析速度，并使柱效增加。（ × ）
2. 用三合剂淋洗所有的玻璃仪器，然后用水、中等碱性或中性实验室清洗剂清洗，再用蒸馏水洗涤三次，最后用丙酮洗，除去水，烘干后待用。（ × ）
3. 如果一个恒温浴中同时放有几支黏度计时，放入或取出一支黏度计不会对正在测定的某支黏度计的流动时间产生影响。（ × ）
4. 柴油润滑性测定要严格控制环境温度和湿度，在试验过程中要随时调节环境湿度。（ × ）
5. GB/T 23801—2009《中间馏分油中脂肪酸甲酯含量的测定　红外光谱法》结果报告试样的 FAME 质量分数，修约至 0.1%。（ × ）
6. LIMSLINK 系统功能组成包括数据采集、数据转换、数据上传和数据处理（ × ）。

二、单项选择题

1. 关于离子键，下列表述错误的是（ C ）。
   A. 阴阳离子间通过静电作用所形成的化学键叫做离子键
   B. 活泼金属和活泼非金属通过得失电子形成离子键
   C. 离子半径越大，阴阳离子间的作用就越强
   D. 离子带电荷越多，阴阳离子间的作用就越强
2. 下列物质中，既有离子键又含有共价键的是（ D ）。
   A. H_2O
   B. $CaCl_2$
   C. Cl_2
   D. NaOH
3. 影响化学反应速率的决定性因素是（ A ）。

A. 反应物的种类和性质

B. 浓度

C. 压力、温度

D. 催化剂

4. 化学平衡的影响因素有(C)。

A. 浓度、压力、温度

B. 浓度、压力、催化剂的种类

C. 浓度、压力、温度、催化剂的种类

D. 压力、温度、催化剂

5. 判断强弱电解质的依据是(D)。

A. 水溶液导电性的强弱

B. 水溶液中离子浓度的大小

C. 离子化合物还是共价化合物

D. 电解质溶于水后是完全电离还是部分电离

6. 90℃时，水的离子积为 3.8×10^{-13}，该温度下的水(C)。

A. 为酸性

B. 为碱性

C. 为中性

D. 无法判断

7. 关于苯酚性质，下列表述不正确的是(D)。

A. 苯酚在水中的溶解度随温度的升高而增大

B. 苯酚易溶于乙醇等有机溶剂

C. 苯酚水溶液呈弱酸性，能与碱反应

D. 苯酚没有毒，其稀溶液可用作防腐剂和消毒剂

8. 平均值的置信区间与(D)无关。

A. 平均值

B. 标准偏差

C. 测定次数

D. 置信度

9. 测定汽油辛烷值的目的是(B)。

A. 判断汽油汽化性能的优劣

B. 判断汽油抗爆性能的优劣

C. 判断汽油抗氧化性能的优劣

D. 判断汽油燃烧性能的优劣

10. 汽油加氢后含量明显减低的组分是(C)。

A. 烷烃

B. 芳烃

C. 烯烃

D. 环烷烃

11. 按辛烷值大小排列的顺序是(D)。

A. 催化汽油>直馏汽油>重整汽油>烷基化油

B. 直馏汽油>重整汽油>烷基化油>催化汽油

C. 烷基化油>催化汽油>直馏汽油>重整汽油

D. 烷基化油>重整汽油>催化汽油>直馏汽油

12. 测量仪器的误差处在规定的极限范围内的一组被测量值称为(A)。

A. 测量范围

B. 示值范围

C. 标称范围

D. 量程

13. 关于校准的目的，下列表述错误的是(C)。

A. 确定示值误差，并确定其是否处于预期的允差范围之内

B. 得出标称值偏差的报告值，并调整测量仪器或对示值加以修正

C. 出具检定证书

D. 实现溯源性

14. 在采轻质油罐前，先在罐底触摸一下铜质金属球，是为了(B)。

A. 清除手上的脏东西

B. 消除静电

C. 开启采样口

D. 没什么用，摸不摸没关系

15. 氧化还原滴定曲线电位突跃的大小与(D)。

A. 氧化剂电对条件电位有关

B. 还原剂电对条件电位有关

C. 氧化剂电对标准电位有关

D. 氧化剂与还原剂两电对的条件电位之差有关

16. 标定 $KMnO_4$溶液，用到的 $Na_2C_2O_4$不纯，那么标出的 $KMnO_4$将(B)。

A. 偏低

B. 偏高

C. 准确

D. 不能确定

17. 一般情况下，配制碘标准溶液用（ B ）。

A. 直接法

B. 间接法

C. 称量法

D. 滴定法

18. 如果在10℃时滴定用去25.00mL 0.1mol/L标准溶液，在20℃时应相当于（ A ）mL。已知10℃下1000mL水换算到20℃时的校正值为1.45。

A. 25.04

B. 24.96

C. 25.08

D. 24.92

19. 电子天平在安装后，称量之前必不可少的一个环节是（ C ）。

A. 清洁各部件

B. 清洗样品盘

C. 校准

D. 稳定

20. 关于显色剂，下列表述正确的是（ B ）。

A. 为了使显色反应进行完全，一般要加入少量的显色剂

B. 显色剂加入过量有时会改变有色配合物的配位比，引发副反应

C. 显色反应时应按化学计量准确加入一定量的显色剂

D. 显色剂过多不会改变有色配合物的配位比

21. 显色反应（ C ）。

A. 在高温下进行

B. 室温下进行即可

C. 应通过实验选择其适宜的显色温度

D. 在低温下进行

22. 分光光度法测定时根据（ B ）选择入射光的波长。

A. 最大吸收波长

B. 吸收最大，干扰最小

C. 干扰最小

D. 随意

23. 为了减小吸光度范围对相对误差的影响，下列表述错误的是(D)。

A. 被测组分含量较高时，可减少取样量

B. 被测组分含量较高时，可增大稀释倍数

C. 选择不同厚度的吸收池

D. 去除干扰物质

24. 关于样品在石墨炉中进行原子化的过程，下列表述错误的是(C)。

A. 干燥阶段，通过低温加热烘干样品，蒸发除去溶剂

B. 灰化阶段，将样品加热到适当温度，破坏挥发除去基体组分，减少共存元素的干扰

C. 分子化阶段

D. 除残阶段，每一样品测定结束后，在短时间内使石墨炉的温度一下升至最高，空烧一次石墨管，这样可以烧尽留在石墨管中的样品残渣

25. 程序升温适合样品是(A)的混合物。

A. 宽沸程，多组分

B. 宽沸程，单一组分

C. 窄沸程，单一组分

D. 窄沸程，多组分

26. 单波道原子吸收分光光度计是指(C)。

A. 只有一个单色器

B. 只有一个检测器

C. 只有一个单色器和检测器

D. 均可

27. 原子吸收分光光度计的检测系统一般采用(C)作为检测器。

A. 光电池

B. 光敏晶体管

C. 光电倍增管

D. 空心阴极灯

28. 关于指示电极，下列表述错误的是(D)。

A. 金属电极可以做成片状、棒状

B. 银电极可以用细砂纸打磨

C. 金属表面应该清洁光亮

D. 铂电极可用20%硝酸煮数分钟

29. 对于能斯特方程式理解错误的是(C)。

A. R 是气体常数

B. T 是绝对温度

C. n 是电子数

D. α 是活度

30. 微库仑分析常用于(B)物质的测定。

A. 常量

B. 微量

C. 半微量

D. 超微量

31. 滴定速度对于电位滴定分析至关重要，滴定速度过快会导致测定结果(B)。

A. 偏低

B. 偏高

C. 无法衡量误差

D. 精密度升高

32. 相对保留值仅与固定相的性质和(A)有关，和色谱分析的其他操作因素无关。

A. 柱温

B. 载气流速

C. 进样口温度

D. 检测器

33. 关于色谱基线噪声和漂移，下列表述正确的是(A)。

A. 色谱基线的稳定性由噪声和漂移决定。其中，无法通过工作站计算减小和消除的影响因素是长期噪声

B. 若 TCD 检测器的热丝电阻值不相等，会不出峰

C. 桥电流过大不是引起色谱仪噪声的因素

D. 柱温选择稍低是引起基线噪声的因素

34. 载气的(B)对柱效率和分析时间有影响。

A. 分子大小

B. 相对分子质量

C. 分子结构

D. 极性

35. 多维气相色谱是指使用(B)根以上的色谱柱或(B)个以上的检测器，通过阀切换或改变各柱前压力带来改变载气流向的办法，得到比单柱系统更多的分离信息的手段。

A. 2，1

B. 2，2

C. 1，2

D. 2，3

36. 多维气相色谱测定其有烃族含量，使用的定量方法为(D)。

A. 内标法

B. 内标标准曲线法

C. 外标法

D. 面积归一化法

37. 在气液色谱中，通常固定液应在担体的(C)。

A. 内部形成积液

B. 表面形成积液

C. 表面形成均匀液膜

D. 外表面形成均匀液膜

38. 若分离极性大的样品时，应选择(A)。

A. 极性大的担体，极性大的固定液

B. 极性小的担体，极性大的固定液

C. 极性小的担体，极性小的固定液

D. 极性大的担体，极性小的固定液

39. 在气相色谱中，固定液必须涂渍在(D)才能发挥其分离混合物的作业。

A. 毛细管柱内壁

B. 填充柱内壁

C. 固定相

D. 担体

40. 关于气相色谱分析，下列表述正确的是(B)。

A. 在气相色谱分析中进样量对保留时间没有影响

B. 对于气相色谱分析，其进样时间越长，则峰宽增加越厉害

C. 对于进样量要求严格的是内标法

D. 进样量与气化室温度无关

41. 使用内标法进行定量计算时，内标量的加入有(A)要求。

A. 与被测组分相近

B. 与被测组分相同

C. 与被测组分差别应较大

D. 与被测组分含量无关

42. 汽油的诱导期与油品安定性的关系是(A)。

A. 前者越长，后者越好

B. 前者越短，后者越好

C. 前者越长，后者越差

D. 二者没有关系

43. 烯烃含量过高会影响汽油的(A)，发动机做功燃烧后排出的废弃会污染空气。

A. 安定性

B. 燃烧性

C. 蒸发性

D. 腐蚀性

44. 不属于脂肪酸甲酯的危害的有(B)。

A. 易生成老化产物及过氧化物，堵塞发动机滤网

B. 提高柴油润滑性

C. 生成的过氧化物会造成橡胶部件的老化变脆而导致燃料泄漏

D. 易生成不溶性聚合物（胶质和油泥）

45. 测定柴油磨斑直径时，注入试样一般用一根一次性移液管，把(C)试验油样加入试验夹具。

A. 5mL±0. 2mL

B. 5mL±0. 5mL

C. 2mL±0. 2mL

D. 2mL±0. 5mL

46. 诱导期试验中，需要量取(D)试样加入样品瓶内。

A. 100mL±1mL

B. 10mL±1mL

C. 25mL±1mL

D. 50mL±1mL

47. GB/T 11132—2008《液体石油产品烃类测定法（荧光指示剂吸附法）》规定，按 GB/T 6536 满足挥发性条件 2 组或更低的样品，在打开、转移和试验前应确保其在(C)条件下保存。进样前，进样注射器（包括注射针

头）也应冷却至此温度。

A. 1～2℃

B. 2～3℃

C. 4℃以下

D. 2～5℃

48. 吸附柱内的硅胶装完后仍需继续振动吸附柱约（ A ），使硅胶面不再下降。

A. 2min

B. 3min

C. 4min

D. 5min

49. 测定车用柴油中脂肪酸甲酯含量，清洗测量所用的样品池很重要，注意用（ C ）反复清洗样品池。

A. 水

B. 95%乙醇

C. 环己烷

D. 车用柴油

50. NB/SH/T 0916—2015《柴油燃料中生物柴油（脂肪酸甲酯）含量的测定 红外光谱法》方法测定柴油脂肪酸甲酯，测定范围是（ C ）的体积分数。

A. 0.1%～20%

B. 1%～22.7%

C. 1%～20%

D. 0.1%～22.0%

51. 透明和不透明液体石油产品运动黏度测定时，不要用（ B ）清洗液洗涤黏度计，否则在黏度计校准时有可能发生变化。

A. 酸性

B. 碱性

C. 中性

D. 弱酸性

52. SH/T 0253—1992《轻质石油产品中总硫含量测定法（电量法）》中的滴定池放在搅拌器上，要注意池底要放在搅拌器的（ A ）。

A. 中心

B. 一侧

C. 边缘

D. 任意位置

53. 用来检查系统是否处于满意的工作状态下，能代表被测样品特性的稳定的石油产品或固态样品称为（ C ）。

A. 标准样品

B. 漂移校正检测物

C. 质量控制样品

D. 校正用对照样品

54. 采用 SH/T 0765—2005《柴油润滑性评定法（高频往复试验机法）》测定柴油润滑性，测试时间为（ B ）。

A. 55min

B. 75min

C. 105min

D. 165min

55. NB/SH/T 0916—2015《柴油燃料中生物柴油（脂肪酸甲酯）含量的测定 红外光谱法》方法测定柴油脂肪酸甲酯，结果报告试样中生物柴油（脂肪酸甲酯）体积分数（%），精确到（ B ）。

A. 1g/L

B. 0. 01%

C. 0. 1%

D. 1%

56. 应用红外光谱法测定车用柴油中脂肪酸甲酯的含量，红外光谱仪液体吸收池使用后应立即清洗，清洗剂最好用（ A ）。

A. 环己烷

B. 一级水

C. 二级水

D. 三级水

57. 柴油氧化分析过程中，若温度控制偏高，处理不正确的是（ D ）。

A. 给浴内置换冷却水降温

B. 检查搅拌器工作是否正常

C. 检查电压是否稳定

D. 终止试验

58. 质量检验所具有的功能是（ B ）。

A. 识别、选择、防范和报告

B. 鉴别、把关、预防和报告

C. 判定、防范、报告和改进

D. 判定、剔除、隔离和预防

59. 从一批产品中按不同的生产日期，在每个时期中按一定比例随机抽取单位样品构成样本，此抽样方法为（ B ）。

A. 简单随机抽样

B. 分层抽样

C. 纯随机抽样

D. 等距抽样

60. 我国对二级标准物质代号为（ B ）。

A. GBW

B. GBW（E）

C. BW

D. GB

61. 当质检室需要增测原测试表没有的检测项目时，通过编辑（ C ）来增加分析方法。

A. 质检室配置

B. 样品模板

C. 测试表列表

D. 样品管理

62. 供应商小类包括生产型和（ B ）。

A. 合作型

B. 贸易型

C. 商业型

D. 经营型

三、多项选择题

1. 关于配位键，下列表述正确的是（ ABC ）。

A. 配位键是极性共价键

B. 形成配位键的条件是提供共用电子对的原子必须有孤对电子

C. 由一个原子单方提供一对电子形成的共价键叫配位键

D. 配位键是非极性共价键

2. 下列说法正确的是（ ABC ）。

A. 纯水能微弱的电离出 H^+和 OH^-

B. 25℃时，纯水电离出的 H^+和 OH^-浓度相等

C. 25℃时，水的离子积常数为 1×10^{-14}

D. 25℃时，水的离子积常数为 1×10^{-7}

3. 关于影响盐类水解因素，下列表述正确的是(ABD)。

A. 组成盐的酸根对应的酸越弱或阳离子对应的碱越弱，水解程度就越大(越热越水解)

B. 多元弱酸正盐的水解第一步远远大于第二步

C. 盐溶液浓度越浓，水解程度越大，反之越小

D. 加酸、碱等物质可抑制或促进盐的水解

4. 影响平衡移动的因素有(ABC)。

A. 浓度

B. 压强

C. 温度

D. 时间

5. 苯与乙烯、乙炔相比较，下列叙述正确的是(CD)。

A. 都容易发生取代反应

B. 都容易发生加成反应

C. 乙烯与乙炔易发生加成反应，苯只能在特殊条件下才发生加成反应

D. 乙烯和乙炔易被 $KMnO_4$氧化，苯不能被 $KMnO_4$ 氧化

6. 天然气按形成条件不同可分为(ABCD)。

A. 气田气

B. 油田伴生气

C. 凝析气田气

D. 矿井气

7. 属于不合格计量器具的是(ABCD)。

A. 未经检定合格的计量器具

B. 经检定但不合格计量器具

C. 超过检定周期的计量器具

D. 购进或出库投入使用前未经检定的计量器具

8. 与分析检测有关的强制检定的计量器具包括(ABCD)。

A. 天平

B. 密度计

C. 分光光度计

D. 玻璃液体温度计

9. 金属指示剂变色的原理是(ABCD)。

A. 配位滴定的指示剂俗称金属指示剂

B. 它本身就是一种配位剂

C. 人们利用它游离态的颜色与配位态时的颜色的不同来指示终点

D. 由于它能够指示出溶液中金属离子浓度变化的情况，故称为金属指示剂

10. 在重铬酸钾法标准溶液的配制与标定中，下列叙述正确的是(BD)。

A. $K_2Cr_2O_7$不是基准物质，它的标准溶液必须用标定法配制

B. $K_2Cr_2O_7$是基准物质，它的标准溶液可以直接配制

C. $K_2Cr_2O_7$参与的氧化还原反应，不能在盐酸介质中进行

D. $K_2Cr_2O_7$参与的氧化还原反应，能在盐酸介质中进行

11. $AgNO_3$标准溶液放置在棕色瓶中的原因是(ABD)。

A. $AgNO_3$见光易分解

B. $AgNO_3$具有腐蚀性

C. $AgNO_3$很贵

D. $AgNO_3$与有机物接触起还原反应

12. 关于减小碘量法误差，下列表述正确的是(ACD)。

A. 针对于碘的挥发不应让溶液温度过高，一般在室温下进行

B. 分析过程中剧烈振摇

C. 用棕色试剂瓶贮存碘标准溶液，避免日光照射

D. 滴定速度适当快些

13. 当磨口活塞打不开时，可以(ABC)。

A. 用木器敲击

B. 加热磨口塞外层

C. 在磨口固着的缝隙滴加几滴渗透力强的液体

D. 用力拧

14. 电子天平的显示不稳定，可能产生的原因是(ABC)。

A. 振动和风的影响

B. 称盘与天平外壳之间有杂物

C. 被称物吸湿或有挥发性

D. 天平未经调校

15. 下列叙述中，属于原子吸收的特点是(ABCD)。

A. 干扰少

B. 准确度高

C. 灵敏度高

D. 测定含量范围广

16. 下列叙述中，属于原子发射光谱的特点是（ ABCD ）。

A. 可同时检测样品中多元素

B. 准确度较高，检出限低

C. 试样消耗少且分析速度快

D. ICP 光源校准曲线线性范围宽可达 4~6 个数量级

17. 下列电极中，属于参比电极的有（ BC ）。

A. 离子选择性电极

B. 银-氯化银电极

C. 甘汞电极

D. 金属电极

18. 电位滴定中，确定终点的方法包括（ ABCD ）。

A. $D-V$ 曲线法

B. $\Delta D/\Delta V-V$ 曲线法

C. $\Delta D^2/\Delta V^2-\mathrm{V}$ 曲线法

D. 二级微商法

19. 下列分析方法中，属于控制电位库仑分析法的有（ ABCD ）。

A. 预示库仑法

B. 电压扫描库仑法

C. 电解色谱和库仑电位谱法

D. 示差控制电位库仑法

20. 电位滴定分析的影响因素包括（ ABCD ）。

A. 溶液的离子强度

B. 溶液的 pH 值

C. 温度

D. 干扰离子

21. 分析卡尔·费休法水分测定的过程，应包含的内容有（ ABC ）。

A. 试剂消耗量

B. 仪器密闭性能

C. 搅拌速度

D. 试剂的性质

22. 合适的色谱固定液应具有（ ABCD ）的特点。

A. 沸点高

B. 黏度低

C. 化学稳定性高

D. 选择性好

23. 选择毛细管柱时应考虑的因素有（ ABC ）。

A. 柱内径

B. 柱长

C. 液膜厚度

D. 材料

24. 许多石油燃料的运动黏度对于确定燃料的最佳（ ABD ）条件是非常重要的。

A. 存储

B. 处理

C. 废弃

D. 操作

25. NB/SH/T 0916—2015《柴油燃料中生物柴油（脂肪酸甲酯）含量的测定 红外光谱法》测定柴油脂肪酸甲酯，（ BCD ）会对结果造成干扰。

A. 空气

B. 水蒸气

C. 脂肪酸乙酯

D. 不溶水

26. SH/T 0253—1992《轻质石油产品中总硫含量测定法（电量法）》中试样的取量方法有（ AB ）两种。

A. 体积法

B. 重量法

C. 直接法

D. 间接法

27. 空气压缩机的使用中应注意（ ABD ）。

A. 皮带松紧是否适当

B. 油位是否合适

C. 运转方向可与指示箭头方向不同

D. 压缩机工作前，最好空转 2~3min，再正常操作

四、简答题

1. 原子发射光谱仪由哪几部分组成？

答：原子发射光谱仪由照明系统、准光系统、色散系统、记录测量系统组成。

2. 请简述气相色谱法定量的依据。

答：气相色谱法定量依据是：检测器产生的响应信号大小（峰面积）与进入检测器组分的量成正比。因此只要色谱柱能将试样中所有组分完全分离，记录系统正确记录，准确测量色谱峰面积就可以进行定量。

3. 请简述用内标法进行定量分析时的注意事项。

答：（1）内标物选择应是样品中没有的物质且与待测组分在保留时间上相近。

（2）在制备校正表时，标样的重复性要好。

（3）标样中内标物的含量应与样品组分含量相近。

（4）校正因子应采用相对内标物的相对校正因子。

4. 请简述石油产品烃类测定法（荧光指示剂吸附法）的测定原理。

答：①在玻璃吸附柱内填充硅胶，在吸附分离段装有荧光指示剂染色硅胶。②将试样注入吸附柱中，试样被硅胶吸附，再加入异丙醇，使试样脱附，在吸附柱顶端加压，使试样顺柱向下移动。③根据汽油中各种烃类吸附能力的强弱，分离成饱和烃、烯烃和芳烃。④荧光染料也和烃类一起选择性分离，在紫外灯光作用下显示不同的颜色。⑤根据吸附柱中各种烃类的色带长度计算烃类的体积分数。

5. 简述馏分燃料油氧化安定性的测定原理。

答：①将已过滤的350mL试样装入氧化管，通入氧气，速率为50mL/min，在95℃下氧化16h。然后将氧化后的试样冷却至室温，过滤，得到可滤出不溶物。②用三合剂将黏附性不溶物从氧化管上洗下来，把三合剂蒸发除去，得到黏附性不溶物。可滤出不溶物的量和黏附性不溶物的量之和为总不溶物的量，以mg/100mL为单位。

6. 简述测定柴油润滑性的意义。

答：①柴油燃料注入设备，在一定程度上以柴油燃料作为润滑剂。②由于过度摩擦引起的磨损会导致发动机部件（如柴油燃料注入泵和注射器）的寿命缩短，这种情况有时是由于燃料缺少润滑性而引起的。

7. 什么是标准物质？

答：标准物质是指已确定其一种或几种特性，用于校准测量器具、评价测量方法或确定材料特性量值的物质。

相 关 知 识

一、判断题（正确的画✓，错误的画×）

1. NH_4SCN 是基准物，可直接配制成标准溶液。(×)

2. 只有两列光波的频率相同，相位差恒定，振动方向一致的相干光源，才可能产生光的干涉。(✓)

3. 对混合组分采用恒温操作时，柱温一般选在被测物质组分中沸点最高的组分的沸点左右。(×)

4. 柴油氧化安定性测定时要严格控制好试验温度、氧气流量和氧化时间。温度和氧气流量分别是95℃±0.5℃、50mL/min±5mL/min。(×)

5. 柴油氧化安定性测定结果可单独报高试样的可滤出不溶物的量 A（mg/100mL）和黏附性不溶物的量 B（mg/100mL）。(✓)

6. SH/T 0689—2000《轻质烃及发动机燃料和其他油品的总硫含量测定法（紫外荧光法）》测定中，每个样品重复测定两次，并计算平均响应值。(×)

7. 延迟时间是指每当一个新试样进入测量位置进行测量之前，可以进行适当的仪器调整，使之延迟一段预定的时间，以保证足够的氦气冲洗或抽真空时间，或者在改变 X 射线管的电压和电流之后，使初级光束得到平衡。(✓)

二、单项选择题

1. 关于正态分布，下列正确的表述是(B)。

A. 曲线以 μ 值为起点单调下降

B. 曲线由 μ 和 σ 决定

C. 曲线形状与测量次数有关

D. σ 值越小，曲线越平坦

2. 控制图是对(C)进行测定、记录、评估和监督过程是否处于统计控制状态的一种统计方法。

A. 质量管理体系运行
B. 设备维护保养计划执行情况
C. 过程质量特性值
D. 计量检测系统

3. 测量次数的增加，随机误差的算术平均值趋向于零，这称为误差的（ C ）。
A. 单峰性
B. 相关性
C. 补偿性
D. 对称性

4. 喷气燃料的（ B ）馏出温度直接影响起动性，要加以控制。
A. 初馏点
B. 10%
C. 30%
D. 50%

5. 不属于加氢精制主要反应的是（ C ）
A. 加氢脱硫
B. 加氢脱氮
C. 加氢脱氯
D. 加氢脱金属

6. 下面叙述正确的是（ B ）。
A. 焦化柴油的十六烷值、辛烷值高于催化裂化柴油
B. 焦化柴油的十六烷值高于催化裂化柴油，辛烷值低于催化裂化柴油
C. 焦化柴油的十六烷值、辛烷值低于催化裂化柴油
D. 焦化柴油的十六烷值低于催化裂化柴油，辛烷值高于催化裂化柴油

7. 在活塞式发动机中，由于燃料进入润滑油中，以致其黏度（ B ）。
A. 变化
B. 减小
C. 加大
D. 不变

8. 一个实际电源的电压随着负载电流的增大而（ B ）。
A. 增大
B. 降低
C. 不变

D. 按比例增大

9. 电气设备铭牌上的额定电压、额定电流，指的是正弦交流电的（ B ）。

A. 最大值

B. 有效值

C. 瞬时值

D. 平均值

10. 基尔霍夫第一定律指出，电路中任何一个节点的电流（ B ）。

A. 矢量和等于零

B. 代数和等于零

C. 矢量和大于零

D. 代数和大于零

11. 职业病危害因素的强度或者浓度应符合（ A ）。

A. 国家职业卫生标准

B. 国际职业卫生标准

C. 地方职业卫生标准

D. 企业职业卫生标准

12. $KMnO_4$滴定 H_2O_2，开始时 $KMnO_4$ 褪色很慢，后来逐渐变快，其原因是（ D ）。

A. 滴定过程中，消耗 H^+，使反应速度加快

B. 滴定过程中，产生 H^+，使反应速度加快

C. 滴定过程中，反应物浓度越来越小，使反应速度加快

D. 反应产生 Mn^{2+}，它是 $KMnO_4$与 H_2O_2反应的催化剂

13. 关于碘量法中淀粉的使用，下列表述错误的是（ C ）。

A. 淀粉必须在近终点时加入

B. I_2 与淀粉的蓝色在热溶液中会消失，故不能在热溶液中进行

C. 溶液的酸度必须在中性或弱碱性，否则显色不灵敏

D. 淀粉指示液用量适当，一般为 2~5mL（5g/L 的溶液）

14. 关于莫尔法，下列表述错误的有（ D ）。

A. 必须在中性或弱碱性溶液中进行

B. 在酸性溶液中 Ag_2CrO_4 易溶解

C. 在碱性溶液中有 Ag_2O 沉淀

D. 在碱性溶液中 Ag_2O 溶解

15. 佛尔哈德法中直接滴定法主要用来测定（ D ）。

A. Cl^-

B. Br^-

C. I^-

D. Ag^+

16. 在用佛尔哈德法测定 I^- 时，下列说法不正确的是（ B ）。

A. 先加入过量 $AgNO_3$，再加入铁铵矾指示剂

B. 先加入铁铵矾指示剂，再加入过量 $AgNO_3$

C. 在硝酸酸性溶液中进行

D. 强氧化剂、氮的低价氧化物以及铜盐、汞盐等能与 SCN^- 作用而干扰测定

17. 吸光度值与试液浓度减去参比溶液浓度所得的差值成正比的方法是指（ A ）。

A. 示差分光光度法

B. 双波长分光光度法

C. 导数分光光度法

D. 计量学分光光度法

18. 按所选择测量条件的不同，下列不属于示差分光光度操作方法的有（ B ）。

A. 高吸光度法

B. 示差法

C. 低吸光度法

D. 精密度法

19. 双波长分光光度法以（ A ）做参比。

A. 样品溶液本身

B. 蒸馏水

C. 空白溶液

D. 试剂

20. 关于分光光度分析，下列表述错误的是（ C ）。

A. 分光光度分析包括紫外光区、可见光区、红外光区三部分的光谱分析

B. 分光光度法的最大优点是可以在一个试样中同时测定两种或两种以上的组分而不需事先进行分离

C. 紫外线吸收主要研究的波长范围是紫外光区域，其波段范围是 200 ~1100nm

D. 分光光度法可以任意选择某种波长的单色光，可以利用各种组分吸光度的加和性，在指定条件下进行混合物中各自含量测定

21. 从（ D ）曲线可以确定适宜的显色时间。

A. 吸收-浓度

B. 吸收-波长

C. 透过率-波长

D. 吸收-时间

22. 显色反应产物在水中离解度大，而在有机溶剂中离解度小。为提高测定灵敏度，可（ B ）。

A. 选用适当有机溶剂把显色产物萃取出来

B. 在水中加一种表面活性剂，加深显色产物颜色

C. 提高显色温度

D. 增加显色剂用量

23. 紫外吸收光谱定性分析是利用光谱吸收峰的（ ABC ）等特征来进行物质的鉴定。

A. 数目

B. 峰位置

C. 吸光强度

D. 形状

24. 吸附指示剂终点变色发生在（ A ）。

A. 沉淀表面

B. 沉淀内部

C. 溶液中

D. 不确定

25. 双波长分光光度计使用（ A ）光源，经单色器获得不同波长。

A. 一个

B. 两个

C. 三个

D. 四个

26. 原子吸收分光光度计各个部分的排列顺序为（ A ）。

A. 光源，原子化器，分光系统，检测器

B. 光源，分光系统，原子化器，检测器

C. 光源，原子化器，检测器，分光系统

D. 光源，分光系统，检测器，原子化器

27. 原子吸收光谱是由下列（ B ）粒子产生的。

A. 固体物质中原子的外层电子

B. 气态物质中基态原子的外层电子

C. 气态物质中激发态原子的外层电子

D. 气态物质中基态原子的内层电子

28. 在原子吸收光谱分析中，所测得的吸光度的大小与（ A ）成正比。

A. 试样中某一元素的含量

B. 试样中某一元素含量的对数

C. 试样中某一元素含量的二次方

D. 光源所发射谱线的强度

29. 关于离子选择性电极的分类方法，下列表述正确的是（ A ）。

A. 原电极和敏化电极

B. 原电极和酶电极

C. 晶体膜电极和非晶体膜电极

D. 气敏电极和酶电极

30. 相同电量通过不同电解质溶液时，各种物质所析出的量与它们的化学当量（ A ）。

A. 成正比

B. 成反比

C. 不成正比

D. 1∶1

31. 恒电流库仑分析法指示终点的方法不包含（ D ）。

A. 电流法

B. 电位法

C. 分光光度法

D. 色谱法

32. 关于水分测定，下列表述错误的是（ B ）。

A. 滴定池内电解液的量对库仑计法水分的测定有影响

B. 进样量太大会使测量时间变长，但不影响结果精密度

C. 潮湿的环境可能使测定结果偏高

D. 水分测定的影响因素不包含压力

33. 电位滴定分析过程中，分析时间过长，其原因是（ D ）。

A. 样品量过大
B. 样品含量高
C. 标准溶液浓度太小
D. 前三者之一或复合作用

34. 分析微库仑分析的过程，考虑问题的出发点应围绕（ A ）展开。
A. 滴定池
B. 放大器
C. 样品性质
D. 燃烧管

35. 氧化微库仑法测定硫含量时，转化率低，通过参数调整，正确的操作是（ C ）。
A. 增大电阻
B. 减小电阻
C. 增加偏压
D. 减小偏压

36. 卡尔·费休法测定水分含量时，调节搅拌速度以（ D ）为准。
A. 进样量
B. 试剂消耗量
C. 滴定速度
D. 滴定池内无气泡

37. 应用微机控制系统的电位滴定仪进行样品分析时，为了加快滴定速度可以调整（ B ）。
A. 滴定速度
B. 初始体积
C. 最低电位
D. 滴定剂浓度

38. 关于影响 TCD 检测器灵敏度因素，下列表述错误的是（ C ）。
A. 桥电流的影响：灵敏度与桥电流的三次方成正比，增加桥电流可迅速增加灵敏度。在允许范围内，工作电流越大，灵敏度越高
B. 载气与组分的导热系数差别越大，灵敏度越高
C. 当热丝和池体温度差小，传热良好，灵敏度才能高
D. 热导池检测器的灵敏度正比于热敏元件的电阻值及其电阻的温度系数

39. 关于载气流速对色谱分析的影响，下列叙述错误的是（ B ）。

A. 在最佳流速点下柱效最高

B. 对于一根给定的色谱柱，在柱温恒定不变的时候，其保留时间与流速成正比。即流速越大，保留时间越长

C. 对热导检测器来说，当载气流速增大时，峰高及峰面积都减小

D. 对氢火焰检测器来说，当载气流速变化时，会引起载气与氢气的比例变化，从而影响峰高与峰面积

40. 关于热导池池体温度的选择，下列叙述错误的是(A)。

A. 池体温度选择的原则是，能满足分析要求的前提下，温度应选择高一些

B. 如果检测器与色谱柱是分开的，检测器温度的选择应略高于柱温，防止样品在检测器中冷凝

C. 池体温度升高，热传导困难，导致灵敏度下降

D. 池体温度升高，热丝与支架焊点产生热电势，会引起噪声，基线不稳

41. 关于 TCD 的操作，下面说法错误的是(A)。

A. TCD 池体温度对灵敏度没有影响

B. 桥流越大，TCD 的灵敏度越高

C. 开启 TCD 桥流之前，应至少先通 10min 以上的载气

D. 关闭 TCD 时，应等 TCD 温度下降到室温，才能停载气

42. 关于操作 FID，下列表述错误的是(C)。

A. 由于 FID 使用了氢气，因此要注意避免氢气泄漏，特别是漏入柱箱

B. 为了避免 FID 内部凝水，点火时要注意 FID 的温度要高于 120℃

C. 手动给 FID 点火时，应首先切断 N_2，点着后马上恢复

D. 如果点火困难，可以先增大 H_2 的流量，点着后恢复

43. 汽油诱导期的测定是基于在充满压缩氧气及加热至(A)的条件下，汽油会加速氧化。

A. 100℃

B. 90℃

C. 95℃

D. 105℃

44. 应用 GB/T 8018—2015《汽油氧化安定性的测定　诱导期法》标准方法测定汽油氧化安定性时，使用温度计的温度范围应为(D)。

A. 0～103℃

B. 95～110℃

C. 95～100℃

D. 95～103℃

45. 测定车用柴油中脂肪酸甲酯的含量，一般将试样用环己烷稀释到合适浓度，记录所测定的（ D ）图谱。

A. 紫外吸收

B. 远红外吸收

C. 近红外吸收

D. 中红外吸收

46. NB/SH/T 0916—2015《柴油燃料中生物柴油（脂肪酸甲酯）含量的测定 红外光谱法》测定柴油中的脂肪酸甲酯的傅里叶变换红外光谱仪应满足规格，扫描范围是（ B ），分辨率是（ B ）。

A. 4000～650cm^{-1}，8cm^{-1}

B. 4000～650cm^{-1}，4cm^{-1}

C. 4000～400cm^{-1}，4cm^{-1}

D. 4000～400cm^{-1}，8cm^{-1}

47. NB/SH/T 0916 测定柴油中的脂肪酸甲酯，所用的混合溶剂是（ A ）等体积混合物。

A. 甲苯、甲醇、丙酮

B. 苯、甲醇、丙酮

C. 甲苯、乙醇、丙酮

D. 甲苯、甲醇、异辛烷

48. GB/T 265—1988《透明和不透明液体石油产品运动黏度测定法及动力黏度计算法》中使用的恒温浴应具有足够的深度，应使在整个测量过程中，恒温浴液面高于黏度计内试样液面（ C ）以上。

A. 50mm

B. 30mm

C. 20mm

D. 10mm

49. SH/T 0253—1992《轻质石油产品中总硫含量测定法》硫含量测定范围为（ D ）。

A. 0.5～150ppm

B. 0.5～350ppm

C. 0.5～500ppm

D. 0.5～1000ppm

50. SH/T 0253—1992《轻质石油产品中总硫含量测定法》测定时，要用电解液冲洗滴定池数次，并保持电解液面高出铂电极（ D ）。

A. 1~2mm

B. 2~3mm

C. 4~5mm

D. 3~6mm

51. GB/T 11140—2008《石油产品硫含量的测定 波长色散 X 射线荧光光谱法》测定，将样品置于 X 射线光束中，测定（ B ）波长下硫 K_{α} 谱线强度。

A. 0. 4373nm

B. 0. 5373nm

C. 0. 5383nm

D. 0. 5473nm

52. 下列（ D ）不是影响诱导期测定的因素。

A. 测定器安装不能漏气，要洗净

B. 通入的氧气量要符合规定

C. 恒温浴要维持在 98~102℃

D. 控制好空气流速

53. 应用红外光谱法测定车用柴油中脂肪酸甲酯的含量，吸光度在（ B ）之间线性吸收。

A. 0. 01~0. 1

B. 0. 1~1. 1

C. 0. 01~0. 5

D. 0. 1~2. 1

54. 柴油氧化安定性试验的测定条件为（ B ）。

A. 95℃、24h

B. 95℃、16h

C. 95℃、4h

D. 50℃、16h

55. 每卷/批（ A ）的杂质或厚度各不相同，都会影响低硫含量样品的测定结果。

A. 聚酯薄膜

B. 聚丙烯薄膜

C. 聚碳酸酯薄膜

D. 聚酰亚胺薄膜

56. GB/T 11132—2008《液体石油产品烃类测定（荧光指示剂吸附法）》规定，如果试样中含有含氧化合物，按(C)以全部样品为基准修正计算结果。

A. $\phi'=100\%-\phi_B$

B. $\phi'=\phi\phi_B/100\%$

C. $\phi'=\phi(100\%-\phi_B)/100\%$

D. $\phi'=\phi\times100\%/\phi_B$

57. GB/T 30515—2014《透明和不透明液体石油产品运动黏度测定法及动力黏度计算法》报告运动黏度和（或）动力黏度的试验结果，取(B)位有效数字。

A. 3

B. 4

C. 5

D. 6

58. 如果磨斑测量值 X 和 Y 之差（$X-Y$）超过(D)的范围，需核对已确认的磨斑边界。

A. 30～+100μm

B. −100～+30μm

C. 0～+100μm

D. −30～+100μm

59. 诱导期测定器的压力表下降超过规定数值，主要检查的内容不包括(C)。

A. 氧弹

B. 系统泄漏点

C. 装入杯内的样品量

D. 排气阀

60. 如报告单中分析方法名称有误，应在(B)进行修改。

A. 常规——描述

B. 定义——说明

C. 组分——备注

D. 描述

三、多项选择题

1. 下列物质中，能发生银镜反应的是(ABC)。

A. 甲醛

B. 乙醛

C. 葡萄糖

D. 丙酮

2. 有关酮的化学性质，下列说法正确的有(BCD)。

A. 化学性质不活泼

B. 易发生加成反应

C. 可发生卤代反应

D. 在碱性条件下，具有甲基的酮可发生卤仿反应

3. 下列说法中，能反映甲酸化学性质的有(ABCD)。

A. 甲酸与其他羧酸一样有酸性

B. 甲酸能与碳酸氢钠反应生成盐和水

C. 甲酸能与斐林试剂作用生成铜镜

D. 甲酸加热到160℃以上，就能分解成为CO_2和H_2

4. 下列产品中，属于催化裂化装置的产品的是(ACD)。

A. 汽油

B. 煤油

C. 柴油

D. 液化气

5. 分析和计算复杂电路的基本依据是(AD)。

A. 欧姆定律

B. 电磁感应定理

C. 楞次定律

D. 基尔霍夫定律

6. 焦化过程的主要产物有(ABCD)

A. 汽油

B. 柴油

C. 蜡油

D. 焦炭

7. 制取纯水一般选用(AC)交换树脂。

A. 强酸性阳离子

B. 弱酸性阳离子

C. 强碱性阴离子

D. 弱碱性阴离子

8. 在 EDTA 配位滴定中，有关酸效应系数，下列表述正确的是（ BC ）。

A. 酸效应系数越大，配合物的稳定性越大

B. 酸效应系数越小，配合物的稳定性越大

C. pH 值越小，酸效应系数越大

D. 酸效应系数越大，配位滴定曲线的 PM 突跃范围越大

9. 下列关于 EDTA 酸效应曲线的作用的叙述正确的是（ ABC ）。

A. 可以一目了然地查找进行各种离子滴定时的最低 pH 值

B. 从曲线上可以查找判定在一定 pH 范围内，哪些离子被滴定，哪些离子要干扰

C. 从曲线上可以查找确定能否利用控制酸度的方法，在同一溶液中连续滴定几种离子

D. 同一曲线只能查出固定 pH 值下的 $\log\alpha_{Y(B)}$ 数值

10. 一定温度下，某难溶化合物水溶液中，下列关于 K_{SP} 对于沉淀反应的作用的叙述正确的是（ BCD ）。

A. 有关离子浓度的乘积小于该化合物的 K_{SP} 时，有沉淀生成

B. 有关离子浓度的乘积大于该化合物的 K_{SP} 时，有沉淀生成

C. 有关离子浓度的乘积等于该化合物的 K_{SP} 时，无沉淀生成，原有的沉淀也不溶解

D. 有关离子浓度的乘积小于该化合物的 K_{SP} 时，无沉淀生成，溶液中原有的沉淀要溶解

11. $Na_2S_2O_3$ 溶液不稳定的原因是（ BCD ）。

A. 诱导作用

B. 与溶解在水中的 CO_2 的作用

C. 空气的氧化作用

D. 细菌的作用

12. 以重铬酸钾法测定铁含量时，常加入 $H_2SO_4-H_3PO_4$ 混合酸，其目的是（ BCD ）。

A. 与 $Cr_2O_7^{2-}$ 生成配合离子

B. 与 Fe^{3+} 生成无色配合物

C. 减小终点误差

D. 降低 Fe^{3+}/Fe^{2+}电对的电压

13. 下列测定中，必须使用碘量瓶的有（ BC ）。

A. $KMnO_4$法测定 H_2O_2

B. 溴酸盐法测定苯酚

C. 间接碘量法测定 Cu^{2+}

D. 用已知准确浓度的 $Na_2S_2O_3$溶液标定 I_2

14. 莫尔法要求的酸度条件是（ CD ）。

A. 酸性

B. 碱性

C. 中性

D. 微碱性

15. 法扬司法中，滴定时充分摇动的作用是（ CD ）。

A. 可以加快滴定速度

B. 促使胶体凝聚

C. 加速吸附的可逆过程

D. 使指示剂变色敏锐

16. 对于光栅的色散作用，下面叙述正确的是（ AC ）。

A. 光栅上的刻线总数越多，分辨率越高

B. 入射光波长越大，衍射角越小

C. 紫色光靠近中心

D. 红色光靠近中心

17. 采用双波长分光光度法可以在一定范围内解决（ AD ）很难找到合适的参比溶液的问题。

A. 混浊样品

B. 吸光度很小

C. 透过率很小

D. 背景吸收大的样品

18. 溶液的酸度对光度测定有显著影响，它影响（ ABCD ）。

A. 待测组分的吸收光谱

B. 显色剂的形态

C. 待测组分的化合状态

D. 显色化合物的组成

19. 分光光度计对光源的要求包括(ABC)。

A. 在较广的光谱区域内连续

B. 具有较高的强度

C. 稳定性好

D. 必须是紫外光光源

20. 火焰原子化吸收光谱测定中对火焰的基本要求有(ABCDE)。

A. 火焰有足够高温度

B. 火焰稳定性能良好

C. 噪音低，以保证良好的测定精密度

D. 较低的光吸收，提高仪器的能量水平，降低测量噪声，以获得低的检出线。

E. 燃烧安全

21. 影响氧化微库仑分析回收率的因素包括(ABCD)。

A. 温度

B. 氧分压

C. 燃烧管形状

D. 滴定池状态

22. 微库仑分析中，偏压对于分析的影响是(AC)。

A. 低含量样品选择较高的偏压

B. 低含量样品选择较低的偏压

C. 高偏压对应较高的峰电流

D. 高偏压对应较低的峰电流

23. 搅拌速度对于库仑计法水分测定的影响是(AC)。

A. 搅拌速度过快会使测定结果重复性变差

B. 搅拌速度过快会使溶液产生泡沫，但不影响测定结果

C. 搅拌速度过慢会使溶液达到平衡缓慢，增大误差

D. 搅拌速度慢会使溶液稳定，减小误差

24. TCD 的灵敏度与热丝和池体间的温差成正比。增大其温差的途径包括(CD)。

A. 升高检测器池体温度

B. 提高载气流速

C. 提高桥流以提高热丝温度

D. 降低检测器池体温度

25. FID 对能在火焰中燃烧电离的有机化合物都有响应，可以直接进行定量分析，但是 FID 的主要缺点是不能检测（ ABCD ）等物质。

A. 永久性气体

B. 水

C. 一氧化碳、二氧化碳

D. 氮的氧化物、硫化氢

26. 色谱仪柱箱温度过低造成的可能后果是（ BC ）。

A. 分离效果变差

B. 峰宽加大

C. 峰拖尾

D. 检测器灵敏度下降

27. 下列说法正确的是（ ABCD ）。

A. 进样量太多，会使几个峰叠在一起，分离不好

B. 进样量太少．又会使含量少的组分因检测器灵敏度不够而不出峰

C. 最大允许的进样量，应控制在峰面积或峰高与进样量呈线最大允许的进样量

D. 进样量应控制在峰面积或峰高与进样量呈线性关系的范围内

28. 色谱上标准加入法和内标法的区别在于（ ABC ）。

A. 不需要样品组分中没有的内标物

B. 每个样品都需要 2 次进样

C. 分析时间成倍增长

D. 要求严格精确进样体积

29. 烃类的氧化还会造成柴油颜色变深，柴油中（ BC ）化合物越多颜色变深越快。

A. 烃类

B. 含硫类

C. 含氮类

D. 含氧类

30. 《石油产品硫含量的测定 波长色散 X 射线荧光光谱法》中使用的 X 射线透明薄膜包括（ ABCD ）。

A. 聚酯薄膜

B. 聚丙烯薄膜

C. 聚碳酸酯薄膜

D. 聚酰亚胺薄膜

31. SH/T 0765—2005《柴油润滑性评定法（高频往复试验机法）》测定中，钢球与钢片的接触面完全浸于待测样品中，在规定(BD)同时满足温度、湿度条件下往复运动。

A. 速度

B. 频率

C. 距离

D. 冲程

32. 高频往复试验机的放置环境的温湿度要求为(AC)。

A. 相对湿度不大于 70%

B. 相对湿度不大于 85%

C. 室内环境温度不高于 40℃

D. 室内环境温度不低于 40℃

四、简答题

1. 原子吸收光谱仪为什么要确定燃烧器高度？

答：不同的被测元素需要不同的火焰类型，当火焰类型确定后，由于火焰不同区域具有不同的温度和不同的氧化性和还原性，故火焰不同区域的被测元素自由原子密度及干扰成分浓度也不同，为了获得较高的灵敏度和避免干扰，应选择最佳观测高度，即让光束从火焰中原子密度最大的区域通过。

2. 某有色化合物在分光光度法测定时，摩尔吸光系数为 3.3×10^5，分子量为 135，若准确配制 1L 该化合物的溶液，使其在稀释 25 倍之后，放在 1cm 厚比色皿中测得吸光度为 0.650，问应称取化合物多少克？

解：

$$A=\varepsilon c L \qquad (1)$$

$$c=G/M \qquad (2)$$

把式（2）c 代入式（1）

$$G=AM/(\varepsilon L)=135\times0.650\times25/(3.3\times10^5\times1)$$
$$=2.66\times10^{-4}\times25$$
$$=6.648\times10^{-3}\ (\mathrm{g})$$

3. 原子吸收分光光度法进行定量分析时采用标准曲线时要注意什么？

答：使用标准曲线时要注意：所配制的标准溶液的浓度：

（1）应在吸光度与浓度臧直线关系的范围内；

（2）标准溶液与试样溶液都应用相同的试剂处理；

（3）应扣除空白值；

（4）在整个分析过程中操作条件应该保持不变；

（5）由于喷雾效率和火焰状态经常变动，标准曲线的斜率也随之变动，在每次测定前应用标准溶液对吸光度进行检查和校正。

4. 影响火焰法原子化器的进样因素有哪些？

答：燃气与助燃气的流速是决定套管中央负压的大小，环境大气压变化，样品的物理性质，进样管，进样接头的内径、长度决定了样品在进样管内的流动阻力。

5. 测定汽油氧化安定性时，在102℃条件下测得样品的诱导期为650min，则样品在100℃条件下的诱导期是多少分钟？

解：试验温度高于100℃时的诱导期 x（min）为：

$$x = x_1 (1+0.101\Delta t) = 650\times(1+0.101\times2) = 781.3\text{min} \approx 781\text{min}$$

答：试样在100℃条件下的诱导期是781min。

技师及高级技师

基　础　知　识

一、判断题（正确的画✓，错误的画×）

1. 在电解池中，负极发生氧化反应，是电解池的阴极。（ × ）
2. 清洁汽油的突出标志，是严格限制汽油中硫和苯的含量。（ × ）
3. 三相交流电是指频率相同、振幅相等、相位依次互差 120 的三相交流电压、电流或电动势。（ ✓ ）
4. 原子吸收雾化器喷嘴为铂铱合金毛细管，为防止被腐蚀，每次使用后要用去离子水冲洗，若发现堵塞，应及时疏通。（ ✓ ）
5. 微库仑分析中，对于由于偏压原因形成的拖尾峰，正确的处理是降低偏压。（ × ）
6. 选择银滴定池时，无须采取闭光措施。（ × ）
7. 按照 GB/T 30519 方法测定汽油烃组成，分析样品前需按照样品的分析步骤将仪器空运行一遍，以驱除色谱柱及烯烃捕集阱中的残留杂质。（ ✓ ）
8. GB/T 33649 车用汽油中含氧化合物和苯胺类化合物的测定方法，使用的气相色谱仪带有分流/不分流进样口、热导检测器、中心切割等组件。（ × ）
9. 在汽油中加入醚类、醇类和其他含氧化合物可以提高汽油辛烷值及降低挥发性。（ ✓ ）
10. SH/T 0693 方法测定芳烃含量，通过第二次分析，从分析柱反吹出来的峰含有内标、C_9和 C_9以上的芳烃。（ × ）
11. 《汽油中烃族组成测定法（多维气相色谱法）》适用于苯含量为 0.1%～5%（质量分数）的汽油样品。（ × ）
12. 使用中红外的方法测定汽油中苯胺类物质、甲缩醛、乙酸仲丁酯、碳酸二甲酯，是利用特征峰的峰面积进行定量。（ × ）
13. SH/T 0720 测定汽油含氧化合物，制备校正样品时，按照纯物质的挥发性由高到低的次序，以质量比制备校正样品。（ × ）
14. SH/T 0713 方法，报告苯和甲苯含量的液态体积分数，精确至

0.01%。(×)

15. 气相色谱仪器开机顺序为先开气，后开机；关机是先关气，后关机。(×)

二、单项选择题

1. 原电池是把化学能转化为(A)的装置。

A. 电能

B. 机械能

C. 光能

D. 热能

2. 关于电解池，下列表述正确的是(D)。

A. 正极发生还原反应

B. 负极发生氧化反应

C. 正极是阴极

D. 正极发生氧化反应

3. 加入溴水后可生成白色沉淀，该物质可能是(D)。

A. 甲烷

B. 丙酮

C. 苯

D. 苯酚

4. 对于一元回归曲线，其相关系数 r (A)时，所有的实验点都落在回归线上。

A. =1

B. =0

C. >0

D. <0

5. 表头设计是指在选定了正交表后(A)。

A. 把因子放到正交表的列上去

B. 把水平放到正交表的列上去

C. 把因子放到正交表的行上去

D. 把水平放到正交表的行上去

6. 有关正交表的特性，下列表述正确的是(B)。

A. 每列中不同数字重复次数不同，任意列不同数对重复次数相同

B. 每列中不同数字重复次数相同，任意列不同数对重复次数相同

C. 每列中不同数字重复次数相同，任意列不同数对重复次数不同

D. 每列中不同数字重复次数不同，任意列不同数对重复次数不同

7. 我国大部分原油属于(A)原油。

A. 低硫含蜡

B. 低硫中间基

C. 环烷基

D. 含硫中间基

8. 馏分油加氢对汽油辛烷值、柴油十六烷值的影响是(D)。

A. 辛烷值增加、十六烷值增加

B. 辛烷值降低、十六烷值降低

C. 辛烷值增加、十六烷值降低

D. 辛烷值降低、十六烷值增加

9. 催化重整原料油的芳烃潜含量是指(C)。

A. 原料油中的芳烃含量

B. 原料油中的环烷烃含量

C. 原料油中的芳烃及烯烃含量之和

D. 原料油中可转化为芳烃的含量

10. “计量法”规定：任何单位和个人不得使用(A)的计量器具；不得故意破坏计量器具的准确度，否则将受罚。

A. 不合格的

B. 准确度

C. 进口

D. 包装

11. 常见的分离和富集方法是(B)。

A. 溶解

B. 沉淀和萃取

C. 熔融

D. 分光光度法

12. 火焰原子吸收光谱法对环境样品中的元素进行测定时，如果遇有背景干扰，应当使用(B)进行校正。

A. 标准加入法

B. 背景校正器校正

C. 试剂空白扣除法

D. 标准曲线法

13. 在原子吸收光谱中，哪种(D)情况不是影响电离干扰的因素。

A. 待测元素的种类如碱金属，碱土金属在火焰中易电离

B. 原子化温度的高低

C. 待测元素原子浓度

D. 待测元素与蒸气或其他元素发生反应

14. 利用红外光谱中吸收带的(D)可进行定性分析。

A. 位置

B. 形状

C. 强度

D. 位置、形状和强度

15. X 射线色散型荧光光谱仪根据分光原理可以分(A)。

A. 能量色散与波长色散型

B. 能量色散型与非能量色散型

C. 色散型与非色散型

D. 色散型与波长型

16. 发射光谱分析中，具有低干扰、高精度、高灵敏度和宽线性范围的激发光源是(D)

A. 直流电弧

B. 低压交流电弧

C. 电火花

D. 高频电感耦合等离子体

17. 原子吸收分光度计检出限的测定，计算标准偏差时，测定次数一般为(D)次。

A. 3

B. 4

C. 5

D. 20

18. 在原子吸收分光光度法中，(B)可造成回火。

A. 光电倍增管老化

B. 燃气与助燃气流量的差别过大

C. 燃烧器预热不够

D. 废液流动不畅通

19. 质谱仪的基本部件不包括(D)。

A. 离子源

B. 滤质器

C. 检测器

D. 单色器

20. 对于气相色谱仪，下面说法不正确的是(B)。

A. 柱温升高，柱效率降低

B. 柱温升高，分离度增加

C. 柱温升高时，峰高会增加

D. 柱温升高时，峰宽会变窄

21. 气相色谱仪的温控系统控制并显示进样系统、(B)、检测器、辅助部分的温度。

A. 分离系统

B. 柱箱

C. 汽化室

D. 载气

22. 气相色谱中载气漏气，会降低仪器的(A)，还会影响定量的(A)。

A. 灵敏度，重复性

B. 灵敏度，再现性

C. 准确度，重复性

D. 准确度，再现性

23. 造成重复性差的不是仪器原因的是(D)。

A. 样品汽化

B. 进样垫的安装

C. 衬管安装

D. 样品溶剂

24. 柴油的抗爆性主要由燃料的自燃点决定，用(A)作为评价指标。

A. 十六烷值

B. 辛烷值

C. 凝点

D. 冷滤点

25. 对碳原子数相同或相对分子质量接近的烃来说，(A)的十六烷值最高。

A. 正构烷烃

B. 异构烷烃

C. 环烷烃

D. 芳香烃

26. 汽油的抗爆性通常用(A)表示。

A. 辛烷值

B. 氧化安定性

C. 硫含量

D. 馏程

27. 发动机压缩比增大时，所需汽油的辛烷值也随之(C)。

A. 不变

B. 减小

C. 增大

D. 减小或增大

28. 马达法辛烷值测定时，进气温度为(D)。

A. 125℉±2℉

B. 100℉±2℉

C. 125℉±5℉

D. 100℉±5℉

29. 当汽油中烯烃含量增加时，发动机排放的(C)增加。

A. CO

B. HC

C. NO_x

D. PM

30. GB/T 28768《车用汽油烃类组成和含氧化合物测定》建议将样品冷却到(D)。

A. 0~4℃

B. 1~4℃

C. 1~5℃

D. 0~5℃

31. GB/T 33646—2017《车用汽油中酯类化合物的测定　气相色谱法》，是根据酯类化合物的(D)进行定性分析。

A. 峰面积

B. 峰高

C. 相对响应值

D. 保留时间

32. 汽油中硅含量即使很低也会在汽油气化燃烧过程中生成(C)的白色粉末附着在氧传感器上，导致传感器失效。

A. 硫化硅

B. 碳化硅

C. 二氧化硅

D. 三氧化硅

33. GB/T 33647—2017《车用汽油中硅含量的测定 电感耦合等离子体发射光谱法》适用于测定硅含量为(C)的车用汽油。

A. 1. 0~10. 0mg/kg

B. 10~50. 0mg/kg

C. 1. 0~50. 0mg/kg

D. 1. 0~150. 0mg/kg

34. 柴油中的(A)在燃烧时，容易形成微粒，造成环境污染，同时它有很强的致畸、致癌、致突变作用以及光致毒效应。

A. 多环芳烃

B. 饱和烃

C. 环烷烃

D. 不饱和烃

35. 《中间馏分饱和烃和芳烃分离法（色层分离法）》采用(A)为吸附剂，将试样分离成饱和烃、芳烃两部分。

A. 硅胶

B. 白土

C. 活性炭

D. 活性炭纤维

36. 按照 NB/SH/T 0663—2014《汽油中醇类和醚类含量的测定　气相色谱法》方法测定汽油含氧化合物时，测定醇类的质量分数范围为(C)。

A. 0. 20%~20. 0%

B. 0. 10%~20. 0%

C. 0. 20%~12. 0%

D. 0. 10%~12. 0%

37. NB/SH/T 0663—2014《汽油中醇类和醚类含量的测定　气相色谱法》方法

测定汽油含氧化合物，其定量依据是(　C　)，采用校正曲线定量。

A. 归一化法

B. 外标法

C. 内标法

D. 校正曲线法

38. 按照 SH/T 0720—2002《汽油中含氧化合物测定法（气相色谱及氧选择性火焰离子化检测器法）》，测定汽油中的含氧化合物是按照(　B　)进行定量计算。

A. 峰高

B. 峰面积

C. 保留值

D. 保留时间

39. 按照 SH/T 0693—2000《汽油中芳烃含量测定法（气相色谱法）》气相色谱法测定芳烃含量，醚类化合物从预切柱与(　A　)一起放空，不干扰测定。

A. 非芳烃

B. 轻烃

C. 重芳烃

D. 烯烃

40. 由于苯的碳氢比比较高，故(　D　)的排放量较高，且燃烧后易形成积炭，对发动机造成磨损，所以汽油中应控制苯的含量。

A. NO

B. NO_2

C. CO

D. CO_2

41. 测定辛烷值时，试样开封倒入油罐前应冷却至(　C　)之间。

A. 0～1℃

B. 2～4℃

C. 2～10℃

D. 13～18℃

42.《汽油中烃族组成测定法（多维气相色谱法）》的样品采样后如不立即分析，为防止轻组分挥发，应密封后保存在冰箱中。分析前使试样温度恢复到(　D　)。

A. 0～1℃

B. 0~4℃

C. 0~10℃

D. 室温

43. ICP-OES 仪器试样容器使用前先用（ D ）溶液清洗，然后用蒸馏水反复冲洗数次，晾干。

A. 5%（质量分数）盐酸溶液

B. 10%（质量分数）盐酸溶液

C. 5%（质量分数）硝酸溶液

D. 10%（质量分数）硝酸溶液

44. 测定硅含量时，建议测定样品时用 QC 样品（ B ）检查一次。

A. 12h

B. 每天

C. 每 3 天

D. 每周

45. 使用中红外的方法测定汽油中苯胺类物质、甲缩醛、乙酸仲丁酯、碳酸二甲酯，中红外仪器不能使用（ B ）进行清洗。

A. 乙醇

B. 丙酮

C. 异丙醇

D. 石油醚

46. 色谱进样口汽化室要保持清洁，使用分流衬管进样垫约（ B ）次应进行更换。

A. 50

B. 100

C. 200

D. 250

47. 从非芳烃峰和单环芳烃峰的峰谷处到单环芳烃峰和双环芳烃峰的峰谷处，为（ A ）。

A. 单环芳烃

B. 双环芳烃

C. 三环+芳烃

D. 总芳烃

48. NB/SH/T 0663—2014《汽油中醇类和醚类含量的测定　气相色谱法》测定

汽油含氧化合物方法，试样首先通过极性的 TCEP 预切柱，先将轻烃冲洗放空，并保留含氧化合物及(A)组分。

A. 较重的

B. 较轻的

C. 极性的

D. 非极性的

49. SH/T 0693—2000《汽油中芳烃含量的测定法（气相色谱法）》测定汽油芳烃含量，通过第一次分析，可以检测出苯和(A)的含量。

A. 甲苯

B. 乙苯

C. 二甲苯

D. 丙苯

50. SH/T 0713—2002《车用汽油和航空汽油中苯和甲苯含量测定法（气相色谱法）》气相色谱法测定汽油中苯及甲苯含量的方法，样品分析前应放在(C) ℃下储藏。

A. 0~4

B. 2~4

C. 0~5

D. 2~5

51. GB/T 386—2010《柴油十六烷值测定法》报告的结果需要进行数值修约，修约到(A)。

A. 小数点后一位

B. 整数

C. 小数点后两位

D. 0. 5

52. 辛烷值报告的结果需修约到(A)。

A. 小数点后一位

B. 整数

C. 小数点后两位

D. 0. 5

53. GB/T 28768—2012《车用汽油烃类组成和含氧化合物的测定　多维气相色谱法》中含氧化合物含量精确至(B)。

A. 0. 1%

B. 0. 01%

C. 0. 001%

D. 0. 005%

54. GB/T 33646—2017《车用汽油中酯类化合物的测定　气相色谱法》根据标准曲线测出的各酯类化合物的（　C　）。

A. 质量分数

B. 体积分数

C. 浓度

D. ppm

55. 硅含量结果报告精确至（　B　）。

A. 0. 01mg/kg

B. 0. 1mg/kg

C. 0. 5mg/kg

D. 1. 0mg/kg

56. GB/T 33649—2017《车用汽油中含氧化合物和苯胺类化合物的测定　气相色谱法》结果报出待测组分的质量分数应精确至（　D　）。

A. 1%

B. 0. 5%

C. 0. 1%

D. 0. 01%

57. 中红外方法和色谱法相结合测定汽油中的非常规添加物，被测物质的检出限为（　C　）。

A. 0. 1%

B. 0. 2%

C. 0. 5%

D. 1%

58. 十六烷值机启动时，应转动控制盘上的启动开关至启动位置，启动发动机，待油压超过（　B　）时，方可离手。

A. 0. 16MPa

B. 0. 17MPa

C. 0. 18MPa

D. 0. 20MPa

59. 辛烷值试验机爆震表的零点调整即在不供电的情况下调爆震表上的调整螺

丝，使爆震表指针为零，这样的调整（ A ）至少一次。

A. 每月

B. 每季度

C. 每半年

D. 每年

60. 硅含量测定时，等离子体应稳定（ A ）。

A. 15min

B. 30min

C. 45min

D. 60min

61. 气相色谱仪器在关机前，应必须将（ A ）降到较低温度再关机。

A. 柱温

B. 进样口温度

C. 检测器温度

D. 阀箱温度

62. 高效液相色谱仪荧光检测器的特点不包括（ C ）。

A. 对有些物质的动态线性范围较小

B. 本身可产生荧光物质

C. 灵敏度偏低

D. 如用激光做光源可提高灵敏度

63. 使用中红外汽油分析仪分析汽油样品时，切勿使用（ B ）等强腐蚀性溶剂清洗仪器管路和样品池。

A. 石油醚

B. 丙酮

C. 异丙醇

D. 甲苯

三、多项选择题

1. 鉴定反应的浓度灵敏度用（ AB ）表示。

A. 最低浓度

B. 检出限量

C. ppm

D. mol/L

2. 下述各种说法中，不正确的说法是（ ABC ）。
A. 测量不确定度很大，测量误差一定很大
B. 测量不确定度很大，测量误差的绝对值一定很大
C. 测量误差的绝对值很小，测量不确定度一定很小
D. 测量误差的绝对值很小，测量不确定度不一定很小
3. 属于原油评价中原油性质分析内容的是（ AC ）。
A. 对未经实验室脱水的原油分析含水量
B. 简易蒸馏
C. 含盐量和机械杂质
D. 实沸点蒸馏
4. 有关电压表，下列表述正确的是（ BCD ）。
A. 使用电压表时应放置在最高档进行测量
B. 理想电压表对测量电路不构成影响
C. 测量实际电压时，读数应该在电压表的半量程附近为宜
D. 电压表的内部不需要电源
5. 萃取分离法的缺点是（ BCD ）。
A. 简单
B. 萃取剂常是易挥发的
C. 萃取剂常是易燃、有毒的
D. 手工操作工作量较大
6. 为了防止回火，各种火焰点燃和熄灭时，阀门的开关原则是（ AD ）。
A. 点燃时，先开助燃气，后开燃气
B. 点燃时，先开燃气，后开助燃气
C. 熄灭时，先关助燃气，后关燃气
D. 熄灭时，先关燃气，后关助燃气
7. 电感耦合等离子体发发射光谱仪在使用中需注意（ ABCD ）。
A. 避免测定或吸喷强腐蚀性溶液，以防损坏设备
B. 点火分析前确保驱气时间大于 1h，防止 CID 检测器结霜损坏
C. 在熄火后需用氩气吹扫约定 20min 方可关掉氩气瓶
D. 开机后光室稳定在 38℃±0.2℃
8. 微库仑分析中，对于电解液原因形成的基线噪声，正确的处理是（ ABC ）。
A. 补充电解液

B. 更换电解液

C. 新配电解液

D. 电解液老化

9. 微库仑分析中，由于溶剂原因造成的回收率高主要因素有（ ABCD ）。

A. 电解液或电极污染

B. 标准溶液不准确

C. 注射针、硅橡胶垫或进样舟污染

D. 新镀的电极灵敏度太高

10. 根据塔板理论的流出曲线方程，可以看出（ ABC ）。

A. 进样量越大，峰越高

B. 理论塔板数越多，峰越高

C. 为了得到较高的色谱峰必须使保留体积减小

D. 色谱柱越长，组分越难分离

11. 高效液相色谱法的特点是（ ABD ）。

A. 高效

B. 高速

C. 成本低

D. 灵敏度高

12. 高效液相色谱仪主要由（ ABCD ）组成。

A. 贮液器

B. 脱气器

C. 高压泵

D. 进样器、色谱柱和检测器等

13. FID 点不着火的原因有（ ABCD ）。

A. 点火组件故障

B. 点火电路连线、接头断路

C. 气路堵塞

D. 氢气与空气配比不适合

14. 影响 FID 基线稳定性的因素有（ ABC ）。

A. 三种气体流量匹配不当

B. 气路漏气

C. 电路或工作站有问题

D. 载气中含有微量惰性气体

15. 下列说法正确的是(BC)。

A. 通常，由同一原油加工所得的汽油，其馏程越轻，密度越小，则辛烷值越低。

B. 燃料的自燃温度较高，不易氧化，形成的过氧化物很容易分解而不易积聚，爆震现象就不易发生

C. 压缩比越大，压缩后的混合气温度和压力越高，越易生成和积聚过氧化物，越易产生爆震

D. 同一原油加工出来的直馏和焦化汽油的辛烷值较高

16. GB/T 28768—2012《车用汽油烃类组成和含氧化合物测定》可用来检测汽油中的(BCD)。

A. 烷烃含量

B. 含氧化合物含量

C. 总氧含量

D. 苯含量

17. 按照 GB/T 30519—2014《轻质石油馏分和产品中烃族组成和苯的测定　多维气相色谱法》能够测定汽油中的(ABCD)组分含量。

A. 芳烃

B. 饱和烃

C. 烯烃

D. 苯

18. 按照 SH/T 0693—2000《汽油中芳烃含量测定法　气相色谱法》测定芳烃含量，可以测定(ABCD)及总芳烃含量。

A. 苯

B. 甲苯

C. 二甲苯

D. C_9和 C_9以上芳烃

19. 关于 GB/T 30519—2014《轻质石油馏分和产品中烃族组成和苯的测定　多维气相色谱法》，下列叙述正确的是(ABD)。

A. 进样量 0. 1μL

B. 烯烃捕集阱是分析系统中的最关键部件

C. 载气为普通氮气或氦气

D. 采用校正归一化法定量

20. 在 SH/T 0713—2002《车用汽油和航空汽油中苯和甲苯含量测定法（气相色谱法）》中，对测定不产生干扰的物质为（ ABC ）。

A. MTBE

B. 丁醇

C. 叔戊基甲醚

D. 甲醇

21. 爆震表指针无指示的原因包括（ ABCD ）。

A. 传感器损坏

B. 火花塞损坏

C. 燃料没有进入燃烧室

D. 操作错误

22. 气相色谱载气漏气会降低（ AB ）。

A. 灵敏度

B. 重复性

C. 再现性

D. 准确性

23. 使用中红外汽油分析仪分析汽油样品时，如果样品中含有氮甲基胺或 MMT，则需要用（ BD ）清洗。

A. 石油醚

B. 乙醇

C. 异丙醇

D. 甲苯

24. 培训大纲包括（ ABCD ）。

A. 培训主题

B. 框架

C. 每项想讲的具体内容

D. 各项内容的授课方式

四、简答题

1. 什么是原子吸收物理干扰？

答：物理干扰是指试样在转移、蒸发和原子化过程中，由于试样物理性质的变化而引起的吸收强度变化的效应。

2. 微库仑分析中形成拖尾峰，如何处理？

答：提高偏压；接通加热带或提高加热带电压；加大增益；提高进样速度；清洗滴定池入口积炭；排漏；提高出口段温度；重新调整气体流量；清洗石英管；清洗电解池。

3. 微库仑分析过程中，常见的异常现象有哪些？

答：超调峰；拖尾峰；回收率高；回收率低；基线噪声；基线漂移；双峰；结果不重复。

相 关 知 识

一、判断题（正确的画✓，错误的画×）

1. 化学平衡是指在宏观条件一定的可逆反应中，化学反应正逆反应速率相等，反应物和生成物各组分浓度不再改变的状态。（ ✓ ）

2. 平衡常数的数值越大，说明反应进行得越完全。（ ✓ ）

3. 晶体三极管起电流放大作用的外部条件是发射集加正向电压，集电集加反向电压。（ ✓ ）

4. 在火焰原子吸收分光光度法中，有机溶剂与油样的混合比影响试样的黏度和表面张力，从而影响雾化效率。（ ✓ ）

5. X 射线光谱定量分析方法是测定试样中待测元素的特征谱线强度，并把强度转化为元素含量，但需要与相应的纯物质或标样进行比较。（ ✓ ）

6. 微库仑分析中，对于由于增益原因形成的超调峰，正确的处理是增大增益。（ × ）

7. 按照 GB/T 30519—2014《轻质石油馏分和产品中烃族组成和苯的测定　多维气相色谱法》测定含有含氧化合物的汽油时，样品中的醚类化合物会随着非苯芳烃组分一起出峰，醇类化合物随烯烃组分一起出峰。（ × ）

8. GB/T 33649—2017《车用汽油中含氧化合物和苯胺类化合物的测定　气相色谱法》，是使用液相色谱的方法测定车用汽油中含氧化合物及苯胺类化合物组分含量的方法。（ × ）

9. 检测汽油样品中的甲缩醛、苯胺类、部分酯类的方法，测试汽油样品，被测物质是使用中红外汽油分析仪进行判定。（ × ）

10. NB/SH/T 0663—2014《汽油中醇类和醚类含量的测定　气相色谱法》测定含氧化合物是将试样首先通过非极性 TCEP 预切柱，先将轻烃冲洗放空，并保留含氧化合物及较重的烃组分。（ × ）

11. SH/T 0720—2002《汽油中含氧化合物测定法（气相色谱及氧选择性火焰离子化检测器法）》测定含氧化合物，检查系统性能，是在每天开始操作

前，向色谱仪中注入未加含氧化合物的汽油样品以确保烃组分响应最小。(✓)

12. GB/T 28768—2012《车用汽油烃类组成和含氧化合物的测定　多维气相色谱法》测定汽油烃组成和含氧化合物方法测定的总芳烃含量为大于50%。(×)

13. 按照 GB/T 30519—2014《轻质石油馏分和产品中烃族组成和苯的测定　多维气相色谱法》测定汽油烃组成，分析样品前需按照样品的分析步骤将仪器空运行一遍，以驱除色谱柱及烯烃捕集阱中的残留杂质。(✓)

14. GB/T 33646—2017《车用汽油中酯类化合物的测定　气相色谱法》方法测定汽油中酯类化合物，可以检测车用汽油中酯类化合物，也可用于车用乙醇汽油。(×)

15. GB/T 33649—2017《车用汽油中含氧化合物和苯胺类化合物的测定　气相色谱法》测定汽油中含氧化合物和苯胺，可以运用中心切割的方式，通过设定不同的电磁阀开关时间，将目标组分切割至分析柱上进行定性定量，或使某些干扰组分不进入分析柱从而消除其对定性定量的干扰。(✓)

16. NB/SH/T 0663—2014《汽油中醇类和醚类含量的测定　气相色谱法》测定汽油中醇类和醚类含量，建立各个含氧化合物的校正曲线，以质量比作为 y 轴，以响应比作为 x 轴，画出各含氧化合物的校正曲线。(×)

17. SH/T 0693—2000《汽油中芳烃含量测定法（气相色谱法）》测定汽油中芳烃含量方法，是以响应比作 x 轴，质量比作 y 轴，作出每个芳烃的校正曲线。(×)

二、单项选择题

1. 钢铁发生腐蚀时，正极上发生的反应为(C)。

A. $2Fe-4e^-=2Fe^{2+}$

B. $2Fe^{2+}+4e^-=2Fe$

C. $2H_2O+O_2+4e^-=4OH^-$

D. $Fe^{3+}+e^-=Fe^{2+}$

2. 以下实验中，能确定某溶液中一定含有 SO_4^{2-}离子的是(D)。

A. 加入硝酸酸化，再加入 $BaCl_2$溶液，产生白色沉淀

B. 加入硫酸酸化，再加入 $BaCl_2$溶液，产生白色沉淀

C. 加入盐酸酸化，再加入 $Ba(NO_3)_2$溶液，产生白色沉淀

D. 加入 $Ba(NO_3)_2$溶液，产生白色沉淀，再加盐酸或硝酸，无反应现象

3. 下列物质中，属于高分子化合物的是（ B ）。

A. 脂肪

B. 棉花

C. 蔗糖

D. 甘油

4. 下面叙述正确的是（ D ）。

A. 高分子化合物中每个分子的相对分子质量是相同的

B. 只有通过缩聚反应合成的高聚物才称为树脂

C. 让普通水依次通过强酸性阳离子交换树脂和强碱性阴离子交换树脂后，可得到无离子水

D. 热塑性塑料能够进行多次重复加热塑制

5. 在比对数据统计分析中，稳健 Z 比分数的值在（ B ），表示结果值为满意。

A. 绝对值小于等于 1

B. 绝对值小于等于 2

C. 绝对值小于等于 3

D. 绝对值大于 1，小于 2

6. 在进行正交试验时，不属于系统误差的是（ D ）。

A. 试验的次序随机化

B. 操作人员

C. 仪器设备

D. 错选正交表

7. 处理因计量器具准确度所引起的纠纷，以（ B ）检定的数据为准。

A. 一般计量器具检定的结果为准

B. 以国家计量基准器具或者社会公用计量标准器具检定的数据为准

C. 计量检定规程

D. 在人民生活中被普遍使用的计量标准器具

8. 根据计量器具的（ A ）和重要程度，在计量器具管理目录中将计量器具分成 A、B、C 三级管理的总纲。

A. 用途

B. 准确度

C. 价格

D. 复杂程度

9. 测量仪器的误差处在规定的极限范围内的一组被测量值称为（ A ）。

A. 测量范围

B. 示值范围

C. 标称范围

D. 量程

10. 发生危险化学品事故后，应该向（ B ）方向疏散。

A. 下风

B. 上风

C. 顺风

D. 四处

11. 为获得较纯净的沉淀物，下面叙述错误的是（ C ）。

A. 应进行再沉淀

B. 应选择适当的洗涤条件

C. 应在较浓的溶液中进行沉淀

D. 应选用有机沉淀剂

12. 在原子吸收分光光度法中，火焰的选择直接影响（ D ）。

A. 灵敏度

B. 稳定性

C. 干扰程度

D. 原子化效率

13. 在 AAS 法中，对分析结果产生正误差的是（ C ）。

A. 化学干扰

B. 电离干扰

C. 背景干扰

D. 物理干扰

14. 通常所指的红外区是指（ B ）。

A. 0.78~2.5μm 的近红外区

B. 2.5~25μm 的中红外区

C. 25~1000μm 的远红外区

D. 0.78~1000μm 的红外区

15. （ A ）产生 X 射线。

A. 外层电子跃迁至内层空位

B. 价电子跃迁

C. 分子转动振动

D. 分子转动

16. 红外分光光度计基本部件有(B)。

A. 光源、单色器、吸收池、检测器

B. 光源、单色器、干涉仪、检测器

C. 光源、吸收池、干涉仪、检测器

D. 光源、单色器、干涉仪、记录仪

17. 原子吸收分光光度计光源的作用是(C)被测元素的共振线作为原子吸收的入射光源。

A. 吸收

B. 利用

C. 发射

D. 捕获

18. 在原子吸收分光光度计中，空心阴极灯发光不稳定与(D)无关。

A. 灯电流不稳定

B. 灯质量不好

C. 载气压力降低

D. 灯内存在杂质气体

19. 对于原子吸收光源的使用，下面说法不正确的是(D)。

A. 灯电流要从小到大逐渐增加

B. 对新灯要进行波长扫描

C. 长时间不用时，每隔一、二个月在额定电流下空烧一次

D. 单光束仪器空心阴极灯一般开机即可达到稳定

20. 下面叙述正确的是(B)。

A. 原子吸收分光光度计基线的稳定性与检测系统的响应时间无关

B. 同一台原子吸收分光光度计测量系统的响应时间不同，基线稳定性也不同

C. 原子吸收分光光度计分辨率指标一般是指理论分辨率

D. 检测火焰原子吸收分光光度计的特征浓度常用代表元素是 Mg

21. 自动电位滴定仪在测定时不能搅拌，不当的处理是(B)。

A. 检查磁铁磁性

B. 增加电解液

C. 检查电路控制系统

D. 检查搅拌器马达

22. 微库仑分析中形成基线噪声，不当的处理是(C)。

A. 更换电解液

B. 接好地线

C. 增大增益

D. 使滴定池避光

23. 微库仑分析中，对于偏压原因造成的回收率低，正确的处理是(C)。

A. 尽量降低偏压

B. 尽量升高偏压

C. 将偏压调到适当值

D. 更换电解液

24. 由于含硫、磷有机物在富氧火焰上发光机理的差别，测硫时在(C)火焰上响应信号大，测磷时在( )火焰上响应信号大。

A. 高温，高温

B. 高温，低温

C. 低温，高温

D. 低温，低温

25. 气相色谱在使用过程中若有异常，如灵敏度降低，保留时间延长，出现波浪状的基线等，应先(A)。

A. 试漏

B. 检查载气流速

C. 查看柱温

D. 清洗检测器

26. 下列选项中，(C)不是出现拖尾色谱峰的原因。

A. 汽化室温度太低

B. 进样技术差

C. 柱温太高

D. 同时流出两峰

27. 从检测器的灵敏度考虑，ECD 检测器应选用(D)作载气。

A. 氩气或氦气

B. 氦气或氮气

C. 氦气或氢气

D. 氮气或氩气

28. 十六烷值取样和储存样品不应使用(D)或反应活性较小的塑料容器，以尽量减少暴露在阳光或紫外线下。

A. 不透明容器

B. 棕色玻璃瓶

C. 金属罐

D. 白色玻璃瓶

29. 研究法辛烷值测定时，发动机转速为(D)。

A. 900r/min±9r/min

B. 900r/min±6r/min

C. 600r/min±9r/min

D. 600r/min±6r/min

30. NB/SH/T 0741—2010《汽油中烃族组成测定法》，汽油样品进入色谱系统后首先通过极性分离柱使(C)组分和芳烃组分分离。

A. 烷烃

B. 烯烃

C. 脂肪烃

D. 不饱和烃

31. NB/SH/T 0741—2010《汽油中烃族组成测定法》测定中，样品中的高碳数脂肪烃在极性柱中与(B)的分离将不完全，影响( )的检测。

A. 烯烃、烯烃

B. 苯、苯和芳烃组分

C. 烷烃、烷烃

D. 芳烃、芳烃

32. 汽油中的酯类组分由于是化工溶剂，对(A)会有溶胀性。

A. 橡胶

B. 喷嘴

C. 汽缸

D. 机件

33. GB/T 33646—2017《车用汽油中酯类化合物的测定　气相色谱法》，配制标准工作溶液使用(A)稀释剂。

A. 异辛烷/二甲苯

B. 异辛烷/甲苯

C. 正庚烷/二甲苯

D. 正庚烷/甲苯

34. GB/T 33647—2017《车用汽油中硅含量的测定 电感耦合等离子体发射光谱法》中使用的质量控制样品建议采用带螺纹盖的玻璃瓶密封盛装，在低于(C)环境下避光保存。

A. 0℃

B. 5℃

C. 10℃

D. −5℃

35. 应用质谱法测定车用柴油中多环芳烃的含量时，试样进入质谱后进行(D)，利用带电粒子在磁场或电场中的运动规律，通过质量分析器实现分离。

A. 原子化

B. 分子化

C. 粒子化

D. 离子化

36. SH/T 0806—2008《中间馏分芳烃含量的测定（示差折光检测器高效液相色谱法）》测试中，如果需要，推荐采用孔径不大于(A)的微过滤器以除去试样溶液中的颗粒。

A. 45μm

B. 70μm

C. 80μm

D. 100μm

37. 按照 NB/SH/T 0663—2014《汽油中醇类和醚类含量的测定　气相色谱法》测定汽油含氧化合物时，在 TAME 从分析柱流出以后，将柱切换阀切换到起始位置，以便反吹出(C)。

A. 轻烃

B. 苯

C. 重烃

D. 芳烃

38. 按照 SH/T 0693—2000《汽油中芳烃含量测定法（气相色谱法）》，(D)是作为一组峰进行检测。

A. 苯

B. 甲苯

C. 二甲苯

D. C_9和C_9以上芳烃

39. SH/T 0713—2002《车用汽油和航空汽油中苯和甲苯含量测定法》中，样品组分依（ C ）顺序分离。

A. 进样先后

B. 组分轻重

C. 极性高低

D. 沸点高低

40. 在 SH/T 0713—2002《车用汽油和航空汽油中苯和甲苯含量测定法》中配制 TCED 填料时，应用（ A ）溶剂溶解。

A. 甲醇

B. 甲乙酮

C. 苯

D. 四氯甲烷

41. 测定柴油的十六烷值时，通常是调节压缩比来得到试样的（ B ）。

A. 着火提前角

B. 着火滞后期

C. 着火周期

D. 着火角

42. 测定十六烷值，调节手轮改变压缩比，使之达到 13.00±0.20 着火滞后期读数，测定时间一般控制在 5~10min 内，试样和每个副标燃料的读数时间都应一致，并应不少于（ B ）。

A. 2min

B. 3min

C. 4min

D. 5min

43. 辛烷值内插法是在固定压缩比条件下，使试样的（ B ）位于两个参比燃料调和油的爆震表读数之间。

A. 压缩比

B. 爆震表读数

C. 压缩比和爆震表读数

D. 爆震表强度

44. GB/T 28768—2012《车用汽油烃类组成和含氧化合物的测定　多维气相色谱法》测定汽油烃组成和含氧化合物，使用的检测器是（ A ）。

A. 氢火焰离子化检测器

B. 热导检测器

C. 氧选择性火焰离子化检测器

D. 氮磷检测器

45. NB/SH/T 0741—2010《汽油中烃族组成测定法（多维气相色谱法）》的试样进样量为（ D ）。

A. 1mL

B. 1μL

C. 0. 5μL

D. 0. 1μL

46. GB/T 33646—2017《车用汽油中酯类化合物的测定　气相色谱法》方法测定汽油中酯类化合物，根据酯类化合物色谱峰的（ B ）进行定性。

A. 保留值

B. 保留时间

C. 校正因子

D. 峰面积

47. GB/T 33649—2017《车用汽油中含氧化合物和苯胺类化合物的测定　气相色谱法》，组分首先进入非极性色谱柱并按照（ A ）顺序分离。

A. 沸点

B. 极性

C. 保留时间

D. 保留值

48. 固相萃取-气相色谱法测定多环芳烃含量中的内标溶液浓度为（ A ）。

A. 0. 002~0. 005g/mL

B. 0. 002~0. 05g/mL

C. 0. 005~0. 02g/mL

D. 0. 02~0. 05g/mL

49. 液相色谱法测定车用柴油中多环芳烃，应确保在分析周期内，基线漂移不超过环己烷峰高的（ C ）。

A. 0. 1%

B. 0. 2%

C. 0. 5%

D. 1. 0%

50. 按照 NB/SH/T 0663—2014《汽油中醇类和醚类含量的测定 气相色谱法》测定汽油含氧化合物，阀切换时间预定在 0.2~0.35min，切阀时间过晚会造成(B)。

A. 烃类来不及放空面残留，干扰含氧化合物的测定

B. 部分醚类化合物放空使测定结果偏低

C. 部分醚类化合物来不及放空使测定结果偏高

D. 不影响测定结果

51. SH/T 0720—2002《汽油中含氧化合物测定法（气相色谱及氧选择性火焰离子化检测器法）》，测定的含氧化合物的沸点不超过(C)℃。

A. 150

B. 140

C. 130

D. 120

52. SH/T 0693—2000《汽油中芳烃含量测定法（气相色谱法）》，预柱和分析柱在使用前都应经过短暂的老化。升高柱炉温度到(B)℃，并保持 20min。

A. 100

B. 120

C. 150

D. 200

53. NB/SH/T 0741—2010《汽油中烃族组成的测定 多维气相色谱法》烯烃的体积分数结果报出精确至(B)。

A. 1%

B. 0.1%

C. 0.01%

D. 0.001%

54. GB/T 30519—2014《轻质石油馏分和产品中烃族组成和苯的测定 多维气相色谱法》，醚类化合物和(B)组分一起出峰，应进行校正扣除。

A. 饱和烃

B. 烯烃

C. 芳烃

D. 苯

55. 质谱法测中间馏分烃类组成，结果精确至(C)。

A. 0. 1%（体积分数）
B. 0. 01%（体积分数）
C. 0. 1%（质量分数）
D. 0. 01%（质量分数）

56. 液相色谱法测芳烃含量，结果精确至（ C ）。
A. 0. 1%（体积分数）
B. 0. 01%（体积分数）
C. 0. 1%（质量分数）
D. 0. 01%（质量分数）

57. SH/T 0720—2002《汽油中含氧化合物测定法（气相色谱及氧选择性火焰离子化检测器法）》测定汽油中含氧化合物，为了验证实验室内准确性，如果独立参考标样的测定浓度和理论浓度计算出的回收率范围超出（ D ），应当测定和修正分析中的误差源。
A. 100. 0%±15. 0%
B. 100. 0%±1. 0%
C. 100. 0%±5. 0%
D. 100. 0%±10. 0%

58. SH/T 0713—2002《车用汽油和航空汽油中苯和甲苯含量测定法（气相色谱法）》中，预分离柱老化最高温度为（ C ）℃。
A. 100
B. 150
C. 170
D. 190

59. 液相色谱仪器对混合物的分离效果主要取决于（ C ）。
A. 进样口
B. 检测器
C. 色谱柱
D. 泵

60. 液相色谱仪的流动相贮罐在连接到泵入口处的管线上时要加一个过滤器，主要是防止溶剂中的（ B ）进入泵内。
A. 水分
B. 固体颗粒
C. 气泡

D. 流动相

三、多项选择题

1. 关于格鲁布斯检验法，下列表述正确的有（ ABD ）。

A. 符合数理统计原理

B. 要将样本的平均值和实验标准偏差引入算式

C. 计算简便

D. 准确但计算量较大

2. 根据 GB 18218—2018《危险化学品重大危险源辨识》标准，与重大危险源有关的物质种类有（ ABCD ）。

A. 爆炸性物质

B. 易燃物质

C. 活性化学物质

D. 有毒物质

3. 分析工作对试样的分解一般要求（ ABC ）。

A. 分解完全

B. 不应挥发损失

C. 不引入被测组分

D. 用一般分析试剂即可

4. 对于液体样品，红外光谱法常用的制样方法有（ ABC ）。

A. 液膜法

B. 溶液法

C. 薄膜法

D. 糊剂法

5. X 射线光谱定量分析方法有（ BD ）。

A. 标准加入法

B. 内标法

C. 标准曲线法

D. 增量法

6. ICP-AES 检测过程中对稀释剂存在（ ABCD ）。

A. 黏度较低

B. 分子碳原子数较少，在炬管口产生较少的积炭

C. 具有中等挥发性，不产生或少产生有毒

D. 允许有较高的进样量而不熄火

7. ICP-AES（OES）分析中存在的主要干扰是（ BC ）。

A. 电离干扰

B. 光谱干扰

C. 基体干扰

D. 化学干扰

8. 红外光谱具有（ ABC ）的特点。

A. 特征高

B. 应用范围广

C. 用样少

D. 适用于大部分单质测定

9. 电感耦合等离子体点火失败常见故障可能是（ ABCD ）。

A. 氩气不纯或压力低造成的

B. 样品不能正常流入雾化器

C. 炬管污染

D. 冷风流量低

10. 微库仑分析中测定结果不重复，正确的处理是（ ABCD ）。

A. 排漏

B. 更换参比电极

C. 补充电解液

D. 赶走参考电极气泡

11. 关于塔板理论，下列表述正确的是（ AC ）。

A. 分配系数差异越大，组分越容易分离

B. 载气流速越慢，组分越难分离

C. 色谱柱越短，组分越难分离

D. 柱箱温度越高，组分越难分离

12. 组分分子在色谱柱内由载气携带向前走，而固定液分子将其回拉，由于载气分子的连续流动，逐渐释放，由于各组分与固定相分子作用力不同，在色谱柱中滞留时间不同，运行速度不同，达到分离的效果。各组分分子还受到（ ABC ）等影响。

A. 载体阻力

B. 浓差扩散

C. 传质阻力

D. 色谱柱效

13. 电子捕获检测器是一种选择性检测器，适用于（ ABCD ）有机螯合物的检测。

A. 多卤化物

B. 多硫化物

C. 多环芳烃

D. 金属离子

14. 气相色谱分析中，造成样品出峰小的原因是（ BCD ）。

A. 稳压阀漏

B. 汽化室漏

C. 色谱柱漏

D. 检测室漏

15. 下列叙述不正确的是（ CD ）。

A. 色谱基线不稳定性包含噪声与漂移两个方面

B. 载气泄漏会造成色谱仪基线噪声大

C. 载气中含有微量惰性气体会影响 FID 基线稳定性

D. 检测室温度低会造成 TCD 检测器基线不稳定

16. 关于辛烷值的测定，以下说法正确的是（ ABC ）。

A. 每次试验，无论是试样还是参比燃料，都应把油气比调节到获得最大爆震强度，以达到试验条件所规定的最佳混合比

B. 测定试样时，应估计其辛烷值的大约数值，要注意开始时压缩比不要调得过大，以免发动机爆震倾向增大

C. 发动机的各种试验条件均应按方法标准控制好

D. 点火提前角一般设置为 13°